地球信息科学基础丛书

# 市域尺度土地生态质量评价方法与空间分异研究

张合兵 著

科学出版社
北京

## 内 容 简 介

土地作为社会经济发展的核心要素，其数量、质量和生态状况对人类生存和发展至关重要，开展区域尤其是市域尺度土地生态质量评价与调控理论和方法研究具有重要意义。本书以服务于地市级国土部门强化土地资源"数量管控、质量管理、生态管护"三位一体管理能力的技术需求为目标，以河南省典型地级市——焦作市为研究区，从土地生态本底、生态胁迫、生态结构、生态效益4个方面构建了土地生态质量状况评价指标体系，建立了基于改进理想点的土地生态质量评价模型；引入空间自相关思想，基于热点分析理论数学模型，提出了市域尺度土地生态质量空间分异及其主控因子识别方法，建立了土地生态管护分区方法；对焦作市进行了实证研究，提出了相应的对策与建议，为加快土地生态文明建设提供了科学依据和决策支持。

本书可供土地、生态、环境等相关领域从事研究、学习的专业人士、学生参考，也可供政府相关部门从事管理与实际工作的人员参考。

---

图书在版编目(CIP)数据

市域尺度土地生态质量评价方法与空间分异研究/张合兵著.—北京：科学出版社，2017.2
（地球信息科学基础丛书）

ISBN 978-7-03-050201-8

Ⅰ.①市… Ⅱ.①张… Ⅲ.①土地-生态环境-环境质量评价-研究 Ⅳ.①X171.1

中国版本图书馆 CIP 数据核字(2016)第 242699 号

责任编辑：苗李莉 赵 晶／责任校对：何艳萍
责任印制：张 伟／封面设计：陈 敬

科学出版社 出版
北京东黄城根北街 16 号
邮政编码：100717
http://www.sciencep.com

北京教图印刷有限公司 印刷
科学出版社发行 各地新华书店经销

\*

2017 年 2 月第 一 版　开本：787×1092　1/16
2017 年 2 月第一次印刷　印张：9 1/4　插页：2
字数：220 000

**定价：89.00 元**
（如有印装质量问题，我社负责调换）

# 前　言

党的十八大以来,把生态文明建设提高到中国特色社会主义事业"五位一体"总体布局的高度,部署了优化国土空间开发格局等四大任务。全国"十三五"规划纲要提出,要以坚持发展为第一要务,以牢固树立和贯彻落实创新、协调、绿色、开放、共享的新发展理念为原则,以提高环境质量为核心,以解决生态环境领域突出问题为重点,从加快建设主体功能区、建立空间治理体系、推进资源节约集约利用、加大环境综合治理、加强生态保护修复等方面提出了一系列重大部署。土地作为社会经济发展的核心要素,其数量、质量和生态状况对人类生存和发展至关重要。因此,开展土地生态质量系统评价和空间分异研究,对加快改善土地生态质量与环境、推进生态文明社会建设具有重大的理论和现实意义。

在我国现行的国家-省-市-县-乡镇五级土地管理体制中,地市级国土部门是国家实现土地数量、质量、生态综合管控的关键环节,对上承担着落实细化国家、省、市宏观战略部署,对下承担着指导调控县(市)国土部门加强土地管控的重要职责,与省级宏观尺度、县域及地块微观尺度相比,其土地综合管控尺度、模式、技术体系有较大差异。因此,在地市级尺度上开展土地生态相关问题研究已成为提升地市级国土部门管控能力和水平亟待解决的问题。

近年来,随着经济社会的快速发展,以及新型城镇化、工业化和农业现代化的持续推进,人类对土地资源利用的强度不断增加,在局部区域引发一系列环境污染、生态退化等土地生态问题,且有不断恶化的趋势,土地生态问题已严重威胁区域经济社会的可持续发展,并成为经济社会持续健康发展的瓶颈,其已引起世界各国的普遍关注,成为社会各界所关注的热点问题。因此,对区域尤其是市域尺度的土地生态质量评价、分级、空间特征及调控等理论与方法进行系统研究,探讨引起土地生态质量变化的主导因素,提出改善土地生态质量、加快土地生态文明建设的调控建议,已成为当前全社会关注的热点和学术界研究的焦点。

本书面向地市级国土部门提升土地综合管控能力需求,以河南省典型地级市——焦作市为研究区,从土地生态本底、生态胁迫、生态结构、生态效益4个方面构建了市域尺度下土地生态质量状况评价指标体系,建立了基于改进理想点的土地生态质量评价模型;引入空间自相关思想,基于热点分析理论数学模型,提出了市域尺度土地生态质量空间分异及其主控因子识别方法;建立了基于聚类分析模型的土地生态管护分区方法,分区提出了土地生态管护的调控对策。

全书共分为 7 章。第 1 章简要介绍了研究的背景及意义、国内外相关研究综述、相关基础理论、研究目标与内容、研究方法与技术路线等；第 2 章主要介绍了研究区概况与数据来源；第 3 章简要分析了市域尺度土地生态质量评价的定位与要求，明确了评价单元，建立了基于改进理想点的市域尺度土地生态质量评价指标体系和评价模型；第 4 章对焦作市土地生态质量状况进行了评价研究，分析了其质量结构和空间分布特征；第 5 章引入空间自相关思想，提出了基于热点分析理论数学模型的质量空间分异方法，利用决策树 CART 算法和主成分分析模型，建立了全域分异和各分异类型区的土地生态质量空间分异主控因子识别方法，并进行了应用；第 6 章从土地生态影响因子、景观生态、规划空间管制等方面建立土地生态管护分区指标体系，提出了基于 SPSS 和 GIS 技术的聚类分区模型，对焦作市进行了土地生态管护分区，并分区提出了管护建议；第 7 章总结了研究的结论，对今后土地生态质量评价和分异研究进行了展望。

本书是在作者博士学位论文的基础上进行深化研究后逐步完成的，先后得到了国家自然基金"矿粮复合区耕地生态安全时空演变规律研究（41541014）"、科技部国家公益行业（国土资源）科研专项（201411022）、计划"矿区土地整治与生态修复（T2017-4）"、校博士基金项目"煤矿区土地基础信息获取及其景观格局演变研究（B2017-16）"等的资助。在项目研究过程中，导师郭增长教授给了悉心指导；刘文锴、刘昌华、王双亭、景海涛、牛海鹏、陈俊杰、袁占良、王育红等教授提出了许多宝贵意见和建议；王新闯副教授、王世东副教授、张小虎副教授、马守臣副教授、郝成元教授等给予了大力支持和无私帮助。在资料收集过程中，得到了河南省国土资源调查规划院吴荣涛、李保莲、焦俊党，焦作市基础地理信息中心方潮、王变丽等同行和相关人员的大力支持和帮助。同时，本书在写作过程中参阅了有关专家学者的论著、教材和资料。在此一并向他们表示衷心的感谢！

由于作者学识水平有限，书中缺点和疏漏之处在所难免，在此恳请各位同行和读者批评指正。

作　者

河南理工大学

2016 年 4 月 10 日

# 目 录

前言
第1章 绪论 ································································· 1
  1.1 研究背景及意义 ··················································· 1
  1.2 国内外相关研究综述 ·············································· 4
  1.3 相关基础理论 ····················································· 13
  1.4 研究目标与内容 ··················································· 19
  1.5 研究方法与技术路线 ·············································· 21
第2章 研究区概况与数据来源 ············································ 24
  2.1 研究区概况 ························································ 24
  2.2 数据来源 ··························································· 32
第3章 基于改进理想点的市域尺度土地生态质量评价模型研究 ······ 34
  3.1 市域尺度土地生态质量评价定位与要求 ························· 34
  3.2 市域尺度土地生态质量评价单元确定和评价指标体系构建 ··· 35
  3.3 主客观赋权结合的评价指标权重确定 ··························· 40
  3.4 市域尺度土地生态质量评价模型构建 ··························· 48
  3.5 本章小结 ··························································· 52
第4章 研究区土地生态质量评价及其特征分析 ·························· 53
  4.1 研究区土地生态质量评价指标体系及其处理 ··················· 53
  4.2 研究区土地生态质量评价及分级 ································· 76
  4.3 土地生态质量评价空间特征分析 ································· 82
  4.4 本章小结 ··························································· 89
第5章 土地生态质量空间分异及其主控因子分析 ······················· 90
  5.1 基于热点分析模型的土地生态质量空间分异研究 ·············· 90
  5.2 基于决策树模型的全域土地生态质量空间分异主控因子识别 ····· 100
  5.3 基于主成分分析法的生态质量空间分异类型区主控因子识别 ····· 106
  5.4 本章小结 ··························································· 110
第6章 土地生态管护分区及调控 ·········································· 111
  6.1 土地生态管护分区及调控概述 ··································· 111
  6.2 基于聚类分析法的土地生态管护分区模型构建 ················ 113

  6.3 焦作市土地生态管护分区及调控 …………………………………… 117
  6.4 本章小结 …………………………………………………………… 128
**第7章 结论与展望** …………………………………………………………… 129
  7.1 结论 ………………………………………………………………… 129
  7.2 创新点 ……………………………………………………………… 131
  7.3 展望 ………………………………………………………………… 131
**参考文献** ………………………………………………………………………… 133
**彩图**

# 第1章 绪　　论

## 1.1 研究背景及意义

### 1.1.1 问题的提出

土地作为社会经济发展的核心要素,其数量、质量和生态状况对人类生存和发展至关重要(李玉平和蔡运龙,2007)。随着经济社会的快速发展,以及新型城镇化、工业化和农业现代化的持续推进,人类对土地资源利用的强度不断增加,土地的价值和功能越来越重要。然而,局部区域对土地资源以单一获取经济利益的高强度利用和不合理开发,在局部区域引发一系列环境污染、生态退化等土地生态问题,且有不断恶化的趋势,土地生态问题已严重威胁到区域经济社会的可持续发展,并成为经济社会持续健康发展的瓶颈,其已引起世界各国的普遍关注,成为社会各界所关注的热点问题(徐嘉兴等,2013;徐昌瑜等,2013;臧玉珠等,2015;吴滢滢等,2015)。

在我国现行的国家-省-市-县-乡镇五级土地管理体制中,地市级国土部门发挥着承上启下的重要作用,是国家实现土地数量、质量、生态综合管控的关键环节,从市域尺度研究土地生态质量与省级宏观尺度、县域及地块微观尺度研究有较大差异,在地市级尺度上开展土地生态相关研究已成为提升地市级国土部门管控能力和水平亟待解决的问题。

因此,对区域尤其是市域尺度的土地生态质量评价、分级、空间特征及调控等理论与方法进行系统研究,探讨引起土地生态质量变化的主导因素,提出改善土地生态质量、加快土地生态文明建设的调控建议,已成为当前全社会关注的热点和学术界研究的焦点。其主要体现在以下几个方面。

(1) 建设土地生态文明,实现人地关系和谐发展的迫切需要。

党的十八大、十八届三中全会、四中全会提出了全面建成小康社会、建设美丽中国、生态文明社会建设重大部署,2015年中共中央、国务院发布的《关于加快推进生态文明建设的意见》中也提出了"严守资源环境生态红线",特别是"……加强能源、水、土地等战略性资源管控……"等一系列战略部署;《中华人民共和国国民经济和社会发展第十三个五年规划纲要》提出,要牢固树立和贯彻落实创新、协调、绿色、开放、共享的发展理念,实现生产方式和生活方式绿色、低碳水平上升,能源资源开发利用效率大幅提高,能源和水资源消耗、建设用地、碳排放总量得到有效控制,主要污染物排放总量大幅减少,主体功能区布局和生态安全屏障基本形成等一系列目标。伴随着全面建成小康社会的深入推进,我国新型城镇化、新型工业化、新型信息化和新型农业现代化"四化同步"建设的进程必将进一步加快,各项建设发展对土地资源的刚性需求和对土地生态的影响在短期内难以减缓,并将持续一段时间。然而,土地资源的不合理利用和开发,对局部区域土地生态环境造成一定的影响和破坏,引发了一系列土地生态问题,如农药与化肥的使用造成土壤污染,使土壤肥力下降;过度砍伐引起局部区域水土流失与土地沙漠化;工业"三废"排放严重威胁食品安全和人类健康等(李静等,2011),这在一定程度上影响了区域经济、社会和环境的可持续发展。因此,开展土地生态质量评价与空间分异研究有助于加快推进土地生态文明建设,实现人与自然的和谐发展。

(2) 科学指导地市级国土部门加强土地生态建设,提升土地管控综合能力与水平的迫切需要。

土地生态建设是国家生态文明社会建设的重要组成部分,各级国土部门担负着改善土地生态状况的重大责任。《中华人民共和国国民经济和社会发展第十三个五年规划纲要》提出,要以市县级行政区为单元,建立由空间规划、用途管制、差异化绩效考核等构成的空间治理体系。目前,我国国土资源管理模式已从传统的"数量、质量管理"转变为"数量管控、质量管理、生态管护"三位一体的综合管控模式,要实现区域土地资源的有效管控,不仅要厘清区域土地资源"数量、质量"情况,还要全面掌握区域土地生态状况。

地市级国土部门作为国家实现土地数量、质量、生态综合管控的关键环节,对上要落实细化国家、省市关于土地生态建设的宏观战略部署,对下要指导调控所辖县市区国土部门强化土地生态建设与管控工作,发挥着承上启下的关键作用,因此,迫切需要在市域尺度上对土地生态质量开展系统评价和空间分异研究,提出针对性的强化土地生态管护的政策建议,为提升地市级国土部门管控能力和水平提供科学依据和政策支持(戴靓,2013)。

(3) 丰富完善土地生态建设理论、技术与方法,提升土地科学研究水平的迫切需要。

随着生态学的发展,土地生态已成为土地科学研究的热点和新方向之一。目前,国内外与土地生态系统相关的研究成果日趋增多,研究方向有土地生态安全(黄海等,2013)、生态风险(刘勇等,2012)、生态质量(昌亭等,2014)、适宜性和敏感性(匡丽花等,2014;吴克宁等,2008)、脆弱性(许倍慎等,2011)、生态环境与生态退化(李君轶等,2007;袁金国等,2006)等,土地退化及生态环境恶化使人们越来越重视土地生态质量和土地生态建设。现有文献对土地生态系统本底、结构、功能和影响问题等的研究仍然较少,而以土地生态状况为目标的从宏观综合调查情况与微观信息提取数据结合的研究,以及将生态质量评价、生态空间分异、影响主控因子分析、生态管护分区及调控四者进行集成的研究更为少见。因此,对区域土地生态质量和空间差异进行系统研究,不仅是国土部门强化土地生态建设管控、改善土地生态状况、预防土地生态环境退化及提供科学决策依据的迫切需要,也是丰富完善我国土地生态建设理论、技术与方法,提升土地科学研究水平的迫切需要。

(4) 以焦作市为研究区,开展市域尺度土地生态质量评价与空间分异研究具有典型性、代表性和示范性。

首先,焦作市位于河南省西北部,是中原经济区经济转型示范市,其发展经历了以煤炭开采、化工为主,能源工业与旅游产业开发协调发展,装备制造和服务业为主的产业阶段变化,其产业类型多样,对土地生态的影响方式也多种多样;其次,市域内自北向南分布有山地、丘陵坡地、平原等地貌类型,不同地貌类型引起的土地生态变化也不尽相同;最后,伴随着焦作市经济社会的持续健康发展与新型城镇化、工业化、信息化和农业现代化的不断推进,各项建设发展对土地利用、土地生态造成了一定的影响,引起了一系列土地生态问题。因此,无论从引起土地生态变化的产业因素,还是从引起土地生态空间差异的地貌类型,以焦作市为研究区,进行市域尺度土地生态质量评价与空间分异研究,在河南省乃至全国都具有较强的典型性、代表性和示范性。

综上所述,无论从地市级国土部门强化土地生态建设管控能力与水平角度考虑,还是从改善区域土地生态质量的实际情况出发,都迫切需要系统地开展市域尺度土地生态质量评价、空间分异特征分析及其分异主控因子识别、土地生态管护分区及调控等理论技术方法的研究。

## 1.1.2 研究意义

研究区域土地生态质量及其空间差异可以衡量人类经济生产活动对土地生态的影响,从而为改善土地生态状况、促进土地资源可持续利用提供科学依据(张正华等,2005)。本书以服务于地市级国土部门、提升土地管控能力与效率为目标,以焦作市为典型研究区,从市域尺度出发,依据人地关系、土地生态学、景观生态学及可持续发展等理论,开展市域尺度土地生态质量评价指标体系与评价模型构建、土地生态质量空间分异及其主控因子识别方法、土地生态管护分区与调控技术等相关研究,研究理论和现实意义主要体现在以下几个方面:①提升地市级国土部门土地生态建设调控能力。②促进区域土地资源高效集约持续利用。③提升土地生态安全保障能力。④构建绿色空间格局、加快土地生态文明建设。

## 1.2 国内外相关研究综述

### 1.2.1 土地生态质量评价研究

**1. 土地生态质量内涵及综合评价**

对于土地生态内涵及其评价，国内外有不同的理解和认识。有学者认为，土地生态质量的内涵是在一定时间段、一定空间范围内，土地部分或全部要素的不同组合方式对人类生存及可持续发展的适宜程度（沈翠新，2003）。土地生态质量评价则是以生态系统观点为基础，选取生态学理论的相关技术方法，对区域土地资源自然特性、社会经济发展状况及景观生态等因素进行综合评价分析，客观地揭示区域土地资源利用状况对区域内社会、经济和环境可持续发展的影响程度和制约因素，在此基础上对土地生态质量评价进行分级或分区，以体现生态质量的地域差异性（沈翠新，2003；叶文虎和栾胜基，1994；Newman，2000）。

国外许多学者对生态环境质量进行了大量研究，但由于不同国家社会、经济、政治等因素方面的差异，评价的特点与目的也不相同（Thomsena et al.，2011；Ye et al.，2011；Sonneveld et al.，2010）。

20世纪90年代初，国内研究学者开始关注土地生态质量评价研究。与农业生态系统相关的土地生态评价最先被重视，然后一些研究学者开始关注环境生态质量和土地生态质量的综合评价。徐理等（2012）从土地生态风险和生态系统服务价值两方面构建了土地生态环境质量评价体系，根据评价结果分析了土地利用总体规划中建设用地管制分区内的生态质量，结果说明，建设用地管制分区布局与土地生态环境质量现状较协调，但存在以用地需求为导向和建设用地空间管制依据不足的问题。封丹和周兴（2013）采用综合指数法，以大化县为例，从土地生态结构、土地生态功能及土地生态问题3个方面构建评价体系，并对土地生态质量进行评价，据此提出了土地利用的方向和对策，为土地持续利用提供科学依据。徐昌瑜等（2013）引入指标协调度，采用Fragstats软件对宜兴市土地生态质量进行评价，研究表明，运用地理信息系统（GIS）技术与Fragstats软件可提高土地生态质量综合评价体系的可操作性和实用性。董丽丽等（2014）采用熵权TOPSIS法，针对煤炭资源型城市的土地生态特点，从土地利用的社会经济效益、结构状态及景观特征3个方面评价土地生态质量，并有针对性地提出改善措施及建议。徐嘉兴等（2013）从景观学的角度对矿区土地景观生态质量进行综合评价，并分析了土地生态质量的变化趋势，提出了改善矿区生态环境的策略。昌亭等（2014）通过构建土地生态指数指标体系，对金坛市土地生态质量进行评价，在此基础上假设金坛市土地生态质量分布的城乡梯度规律,结果表明,土地生态指数热点空间分异特征符合城乡梯度规律。张合兵等(2015)构建了土地生态自然条件、结构状况、生态干扰与生态建设四方面的指标体系,评价了平顶山市土地生态质量状况,分析了影响土地生态质量的主要因素,并根据影响因素提出了针对性的改善措施。张敬花和雍际春(2010)在马尔科夫链理论的基础上,基于天水市2006~2010年的土地利用变化数据建立数学模型,预测了未来15年土地利用类型变化,此研究仅仅把天水市作为一个行政单元,基本没有考虑如何承上启下服务于省域和县域的土地生态保护的"三位一体",特别是土地生态质量管理和生态管护。

综上所述,国内外相关研究对土地生态质量及其内涵进行了分析,对区域土地生态质量评价以宏观尺度或微观尺度为主,而从国土资源管理、国土资源管理体制机制和强化国土资源土地生态调控角度进行的研究较少。

由于土地生态质量评价服务对象的广泛性、内容的丰富性和尺度的多样性,至今尚未形成一套较为系统的土地生态质量评价研究体系。

2. 土地生态评价指标研究

目前,土地生态评价指标体系的构建主要有三种类型:一是,在联合国粮食及农业组织(FAO)颁布的《可持续土地利用评价纲要》的基础上进行改进后建立的土地评价指标;二是,以"压力-状态-响应"(PSR)模型为基础的土地生态评价指标体系;三是,基于"经济-环境-社会"(EES)框架的土地生态评价指标体系。前两种评价指标体系偏重于人类活动和社会经济对生态的影响;第三种生态评价指标体系从景观角度出发,侧重于土地生态系统内部结构与物质流通。

国内外研究侧重于以FAO颁布的《可持续土地利用评价纲要》为基础进行相关研究。Fieri和Christian(1995)以水土流失、林地退化、地下水下降、盐渍化等生态现象作为土地质量评价指标,分析了不同现象影响土地生态质量的程度。Messing等(2003)根据FAO评价体系,结合研究区实际状况,从降水、坡向、土壤质地、有机质、pH、氮磷含量等方面探析了小流域农业用地生态适宜程度。王静等(2003)从生产性、安全性、保护性、经济可行性及社会可接受性5个方面,以土地可持续利用理论为基础,探讨了土地可持续利用状况和存在的问题,提出了实现土地可持续利用与管理目标的解决途径。李新举等(2007)在FAO评价指标的基础上,结合垦利县的地理环境,选取降水量、蒸发量等自然条件,湿地占地率、盐碱地占地率等环境条件,人均国民生产总值、农民人均农业总产值等社会经济条件,分析了垦利县土地可持续利用的障碍因素。王葆芳等(2004)针对土地的地表形态、植被和土壤三大特征,从地方、区域及国家3种尺度构建了土地利用现状监测评价指标体系,对了解研究区土地生态状况非常有益。

近年来,众多学者,以 PSR 模型、EES 框架为基础开展了相关研究。张军以等(2011)针对三峡库区生态经济区土地资源的特点,基于 PSR 模型,构建人均耕地面积、单位耕地面积农药使用量、城市化水平等在内的 21 个评价指标,对研究区 2003~2006 年的土地生态安全状况进行计算,并对土地生态安全趋势进行分析。孟展等(2014)基于 PSR 模型,运用灰色预测模型评价了四川省土地生态系统状况,并根据评价结果提出了提升土地生态水平的建议和对策。丁新原等(2013)应用 PSR 模型构建焦作市矿粮复合区 24 个土地生态安全评价指标体系,对 2006~2010 年的土地生态安全状况进行评价分析,并提出实现土地可持续利用的建议。李茜和任志远(2007)依据 PSR 框架模型,建立土地生态环境安全评价指标体系,研究并对比分析了宁夏不同时间段土地环境生态安全的动态变化情况。Paracchini 等(2011)根据 EES 模型选取 30 个指标,针对区域内不同用途的土地进行决策分析,并提出权衡评价概念,以满足不同利益决策者的需求。张小虎等(2009)从经济、生态环境、社会 3 个方面建立土地生态安全评价指标体系,结合物元理论和熵值理论构建了土地生态安全评价模型,宏观评价了黑龙江省土地生态安全状况。该类土地生态评价的最小单元主要依赖统计数据。一般来说,县域、市域、省域(王雪等,2014;刘凌冰和李世平,2014;刘蕾等,2011)等各级范围的统计数据便于收集,基本能满足土地宏观管理的需要。

随着土地生态问题的不断出现及土地生态学理论的逐渐完善,土地利用结构是否合理、土地生态功能的发挥是否符合期望,以及土地生态价值与经济效益的增长是否达到要求越来越受到关注(彭慧等,2013)。因此,景观生态学、区域经济学等其他学科的理论方法被逐渐引用到土地生态相关研究中,从而完善了土地生态评价研究体系(Franklin,1993)。林佳等(2011)从遥感图像中提取景观利用类型,运用土地利用转移矩阵及景观格局指数,分析了土地利用空间格局演化的时空变化特征。李保杰等(2012)通过与景观格局优化目标相结合,建立了矿区复垦的生态效应评价指标体系,评价了研究区的土地利用结构和景观格局变化,并分析了部分评价因子呈现正效应或负效应的原因(李保杰等,2012)。

综上所述,国内外学者在土地生态评价指标方面进行了较多的探索与研究,但仍然未形成统一的评价指标体系,尤其在宏观、中观、微观等不同尺度下的评价指标体系构建原则、要求和目标等方面还需要进一步研究。因此,在充分认识土地生态评价内涵的基础上,如何根据国家、省、地市、县、乡、地块等不同尺度下的评价目的,在现有评价指标体系构建研究的基础上,进行多目标、多尺度土地生态评价指标体系的构建研究,提高土地生态评价指标体系的针对性和适宜性,是今后研究的重点和方向。

3. 土地生态质量评价模型研究

土地生态质量及其综合评价的关键是评价模型与方法的合理选择,也是土地生态质量评价的难点。目前,国内外常用的评价模型有数学模型法、空间模型法及景观生态模型法等。这些模型与方法主要基于生态学理论,采取土地利用现状特点,结合区域生态环境变化情况进行研究(王根绪等,2003)。

1) 基于数学模型的土地生态质量评价方法

数学模型应用于土地生态质量评价,具有规范标准、指标体系完善且定量化程度高的特点。何淑勤等(2014)采用生态足迹理论与方法,从生态承载力、生态足迹、生态赤字3个方面评价了雅安市生态安全状况,揭示了区域性土地生态安全本质;黄海等(2014)运用生态足迹原理,根据生态压力指数,在评价土地生态安全的基础上,探析了土地生态安全变化趋势,提出了改善和提高土地生态安全水平的措施;吕添贵等(2011)利用生态足迹理论与方法,评价了研究区1997~2011年的土地生态安全状况,指出了影响土地生态安全的重要因素。除此之外,生态足迹方法还广泛应用于土地生态承载力方面的研究(张月丛等,2008;王建洪等,2012)。但是,该方法由于强调人类活动对土地生态环境的影响,缺少对土地生态质量本体的评价,后期发展受到了一定程度的限制(彭建等,2006)。

综合指数法是在土地生态质量评价中应用最多的土地生态评价数学模型(冯文斌和李升峰,2013;李玲等,2014;李迎迎等,2014;卢立峰和严力蛟,2013;戴靓等,2013)。该方法包含构建评价指标体系,指标标准化、指标权重确定和评价标准等级设定等步骤。该方法的优点是过程简单、不损失指标信息,评价指标横向与纵向的对比分析较简便。但该评价方法也有一定的不足,如对综合指数分组处理具有一定的主观性,同时难以确定总体指标与评价等级间的隶属程度。针对该缺点,有些研究学者将物元分析法应用于土地生态评价中(余健等,2012;余敦和陈文波,2011;齐鹏等,2012),扩展了土地生态评价的研究范围。物元分析法可以提供充足的空间分异信息,它首先对评价指标的经典值域进行区间界定,之后结合相对应的客观标准划分评价等级;然后,计算单项评价指标的关联函数,得到单项评价指标状态值;最后,集成评价模型单项评价指标状态值,得到全部指标的综合指标状态值,从而能够较大程度地提高等级判定的客观性、科学性和合理性(黄辉玲等,2010)。

此外,随着土地生态研究的深入和广度的增加,神经网络法(李明月和赖笑娟,2011)、主成分分析法(孙奇奇等,2012;杜忠潮和韩申山,2009)、理想点法(徐美等,2012;庄伟等,2013;董丽丽等,2014)、灰色关联法(张小虎等,2009)等数学模型也在土地生态评价中有一些探索研究。

2) 空间模型法

土地在具有自然属性特征的同时,还具有十分明显的地理空间信息特征。随着"3S"技术的飞速发展,"3S"技术在土地生态评价等研究中得到广泛应用,且应用越来越多元化。其中,最常用的方法有地图叠加法和多准则决策法等。

空间模型分析法主要基于图层叠加进行分析。该方法利用 GIS 技术,将地面测绘调查数据与遥感图像数据结合,以栅格或行政区为评价单元,对评价单元进行评价与分析。地图叠加法的各评价因子间相互独立,优点是相对容易理解和操作,但不同准则层间的相对重要程度不容易分析表达,对评价结果的排序也较为困难。因此,国内外一些学者将多准则决策(MCDA)运用到 GIS 技术中,从而更好地体现不同评价指标相对于其他指标的重要性,同时满足了不同决策者各自的态度和偏好(修丽娜,2011),但多准则决策也具有主观性较强的缺点。一些学者将最小阻力面模型应用到土地生态评价中,尤其是土地生态适宜性评价(匡丽花等,2014;刘孝富等,2010;闫勇等,2011),最小阻力模型是一种从"源"到"汇"克服阻力做功的水平过程,反映了事物的潜在可能性及趋势,用阻力值表示,该方法通过"连通性"与"相似性"划分出土地生态适宜性,反映了事物的潜在可能性及趋势。

3)景观生态模型法

土地利用与景观格局变化有着密不可分的联系。经济、社会的快速发展会进一步提高土地的利用程度,影响一定区域内的景观结构和功能。人类活动频繁的地区,土地利用是区域景观结构变化最主要的驱动力和干扰因素。景观的基本结构是"斑块-廊道-基质"。因此,景观指标在衡量土地生态状况的稳定性和健康性方面十分重要(Ghersa et al.,2002)。景观生态模型法包括景观指数法(白晓永等,2005;齐伟等,2009;张飞和孔伟,2009)、景观生态安全格局法(Paudel and Yuan,2012;Caillault et al.,2013)等,该方法对各种潜在的土地生态影响进行评价,运用 GIS 及遥感(RS)技术,构造土地利用变化生态效应指数和生态效应度等,测定土地利用/覆盖变化的生态效应,或通过计算研究区景观格局指数,分析景观格局与生态环境因子的关系,如 Paudel 和 Yuan(2012)基于 GIS 分析法对区域景观格局进行分析,Caillault 等(2013)研究了生态廊道对景观格局变化的影响。目前,该方法尚不成熟,仍处于探索阶段。

由此可见,土地生态评价与 GIS、RS、统计学及景观生态学等学科交叉结合,但不同的评价模型对所评价结果的内涵与实质不同。因此,在土地生态评价研究中,评价模型的选取应综合考虑研究区域的范围、时间和评价尺度等因素,只有这样才能保证土地生态评价结果科学合理。

### 1.2.2 土地生态质量空间分异研究

目前,有关土地生态质量空间分异研究的相关文献较少,主要有以下研究。戴靓(2013)以金坛市为例,研究了县域土地生态质量的空间分异及其主控因子识别;昌亭等(2014)以长江三角洲经济发达地区典型区金坛市为例,从基础、胁迫、结构、效益 4 个角度构建土地生态指数指标体系,以行政村为评价单元,对金坛市土地生态质量及分布进行了评价研究;徐嘉兴(2013)以徐州矿区为例,对典型平原矿区土地生态演变及评价进行了研究;张合兵等(2015)以栅格为评价单元,从土地生态自然条件、结构状况、生态干扰和生态建设4个方面构建评价体系,运用综合指数法,评价了平顶山市土地生态质量;陈宁丽等(2015)以河南省新郑市为例,从自然禀赋、生态压力、生态效益3个方面构建耕地生态质量评价指标体系,采用熵权TOPSIS法并结合GIS空间分析法,对耕地生态质量进行了评价,并借助障碍度模型提取了耕地生态质量的主控因子;吴滢滢等(2015)选取位列中国百强县之首的昆山市为研究区,基于2012年各类数据,建立土地生态质量综合评价体系,采用皮尔逊相关系数、二元Moran指数等方法,以行政村为评价单元,对该市土地生态质量的空间格局及其对土地利用程度的响应进行了研究;臧玉珠等(2015)通过构建"基础-结构-胁迫-效益"4个层面的评价指标体系,对苏南地区土地生态质量进行了系统评价,运用空间自相关方法,对其空间分异特征与经济发展协调性进行了分析。

此外,康智明等(2015)以福建省明溪县农地土壤为研究对象,采集耕层土壤(0~20cm)样品88个,测定其Cd、Cu和Pb 3种重金属元素的含量;利用ArcGIS软件,分析了其农地土壤重金属空间变异特征;采用Hakanson潜在生态危险指数法,评价了研究区域农地土壤重金属潜在生态风险与环境污染。张晓楠等(2012)以1997年和2007年Landsat TM影像解译数据为基础,采用空间格网作为表达单元,从空间分布和空间结构两个角度分析了邯郸市生态系统服务价值的空间分异规律。张合兵等(2012)以EOS/MODIS卫星遥感数据为数据源,对2001~2006年潞安矿区净初级生产力、土地利用覆被变化和成因进行了研究和分析。吴健生等(2013)以平朔露天矿区为研究对象,评价了矿区景观生态风险,并采用ESDA方法定量研究了矿区生态风险空间分异特征。王大力和吴映梅(2015)以云南省为研究空间载体,克服突破了生态环境偏重单要素的传统评价方法,筛选构建了区域生态环境综合评价方法,运用GIS空间分析手段,探讨了云南省生态环境及空间分异特征,并针对性地提出了云南省生态文明建设的空间思路对策。黄正良和钟慧润(2015)通过对佛山市高明区土地利用多样化程度、动态度、信息熵、均衡度、破碎度进行分析,提出了基于土地利用空间分异的生态健康评价体系,从生态系统服务功能、生态承载力、生态风险方面对生态健康情况做出了差异分析。刘欢等(2013)通过构建都市农业生态安全概念及评价指标体系,运用熵值法、障碍度分析模型、GIS制图技术,对西安都市农业生态安全进行了综合评价。许妍等(2011)根据研究地域的生态特征,综合考虑了流域内生态系统相互影响机制,结合遥感解译、野外调查及社会统计等多源数据,从胁迫因子、状态因子及效应因子3个方面构建了流域生态系统健康评价指标体系,对太湖流域生态健康进行评价,并对其空间分异及动态转移特征进行深入分析。石蒙蒙等(2014)通过收集河南省各县市的气象资料与土地利用、工农业生产等统计数据,利用 Penman 模型与河南省用水定额等方法,计算出各县市的生态用水各项分量,利用 GIS 等工具分析了其空间变异特征。

综上所述,首先,目前有关土地生态质量空间分异方面的研究主要集中在土地生态质量评价结果的空间格局分析,以及生态环境和生态服务价值等方面的空间分异;其次,从研究区域尺度看,目前主要从省域尺度进行研究,也有从流域和矿区尺度进行研究,从市域尺度方面进行的研究还较为少见;再次,对土地生态质量进行的探讨侧重于对土地生态质量评价及影响因子的分析,对土地生态质量的空间分布状况和空间变化规律分析研究得不够深入,特别是缺少识别影响土地生态质量空间分异主控因子的相应方法和模型。

### 1.2.3 土地生态管护分区研究

土地生态管护分区是调控土地利用的有效方式,科学的分区可为土地利用的宏观调控与精细化管理提供依据,并促进区域协调发展,因此分区调控是土地利用研究的前沿热点问题。

国外学者对土地分区的研究较早,1891 年德国的法兰克福(Frankfurt)首次使用土地分区的办法来管理城市土地。美国的土地分区管理发展得较为完善,尝试通过土地利用分区避免城市建设中土地利用带来一般性福利(邹士鑫,2010)。美国的城市土地区划理论对世界各国的土地利用分区影响最大(Cho,1997;Contonis,1989),1922 年美国开创了区域土地综合利用分区的先例,并运用到区域整体规划中(任偲,2009)。近年来,先进的分区手段和理念已运用到土地利用分区中,并广泛应用 GIS 技术和数学等方法(Amold,1989;Nick and Kuang,2001)。

在实践中,各国通过不同形式的分区对土地利用进行有效管理。加拿大通过区划法的形式对各个级别的规划进行要求,在省级政策宣言的前提下,结合实际情况对本地土地进行用途规划。英国通过制定详细的城市用地总体规划和详细规划,并通过颁布"发展令",确定不需向政府申请的和需向政府申请的发展。由此可以看出,国外的土地利用分区是政府统一制定的,因此,国外的学者主要围绕分区的影响对土地利用分区进行研究(James,1997;Lin,2000;Esteban,2004;Christopher,2005;Cunningham,2005;Marin,2007)。例如,Lusiana 等(2012)探讨使用一个新的牲畜 FALLOW 模式来评估土地利用分区策略的影响;Bruggeman 等(2015)根据喀麦隆国家森林法律框架,评估土地用途分区,以有效减少森林砍伐和森林退化;Geneletti(2013)提出针对影响土地利用分区政策实施不同的案例研究,包括与土地利用情景不同政策相关的建设等,最后说明土地利用方式值得关注;Kupfer 等(2012)根据区域化和动态约束凝结的聚集和分区,来确定基于森林范围的等级体系;Mincey 等(2013)通过跨尺度分析,理解如何对树冠覆盖和相对盖度的影响;Geng 等(2014)设计了分区指标应用程序的一般框架,运用 DPSIR 模型研究分区的空间格局特点,研究表明,提出的框架具有实用性和合理性。

1905 年,Herbertson 博士在全球尺度上,依据地表形态和气候条件,将大陆划分为 6 个自然地理区域,同时认识到人类活动的影响对自然区划的重要性,这是对生态分区最早的研究(唱彤,2013)。随后对生态分区研究不断探索,相继完成了一些研究结果,如 1976 年 Bailey 绘制的美国生态区域图等。国外有关研究主要集中于生态分区指标体系的构建、理论的研究及不同尺度研究等方面(袁金龙,2014)。例如,Omernik(1995)在 Bailey 生态分区框架基础上建立水资源保护的生态分区框架,并划分不同等级的生态区。同时,Omernik(2003)分析了水文单元流域与生态分区的区别,并指出了流域作为单元的局限性。

我国对土地利用分区的研究较晚,20 世纪 30 年代金陵大学的卜凯教授编著的《中国土地利用》为中国现代的土地利用分区拉开了序幕,但直到 1963 年以后土地利用分区研究才相继展开(冯红燕等,2010),其主要根据土地利用的自然属性,阐述土地利用分区的概念、内容、分区原则、分区指标体系及分级系统等(杨子生,1992)。

近年来,土地利用分区研究得到了充分发展,一些学者根据不同的目的、尺度及侧重点对土地利用分区进行探讨和研究,董祚继(2002)提出县级和乡(镇)级土地利用总体规划应划定土地用途分区;朱留华和谢俊奇(2007)指出,在土地利用综合分区基础上,应建立土地利用重点功能类型区;张洁瑕等(2008)根据土地可持续发展的需要,建立基于土地功能内涵的土地利用分区方案,以区分区域功能的特点;李彦等(2011)通过叠置分析及空间聚类分析,基于主体功能区的土地利用分区属性赋值规则,获得环鄱阳湖区的土地利用分区图,并划分为农业用地区、生态林用地区、城镇及工业用地区域湿地保护区。

当前,土地分区常用的方法有综合分析法、叠置法、主成分分析法及聚类分析法等(赵荣钦等,2010)。丛明珠等(2010)以空间叠置法构建江苏省土地统筹利用分区,并划分为 4 个土地统筹利用大区、7 个亚区;徐博等(2013)以主成分分析法对土地综合利用程度进行评价,并运用空间聚类分析模型对黑龙江省农垦总局五九七农场进行土地利用综合分区;符海月等(2011)通过探讨土地利用开发与生态保护之间的联动耦合关系,建立土地利用-保护二维关联矩阵,开展土地利用导向分区的方法与实证研究,然后划分为重点开发利用区、适度开发利用区、适度保护用地区与重点保护用地区 4 个土地利用导向区;张俊平等(2011)采用因子分析、C-均值和模糊 C-均值算法,提出土地利用最优分区数目的定量计算方法,并进行实证分析,结果表明,主分量模糊 C-均值算法能较好地解决小样本的土地利用分区数目最优难题,同时对海量样本数据集分类的效果提供后评估支持。

随着社会经济的发展和对生态环境的重视,近年来生态功能分区受到越来越多的学者的青睐。部分学者从功能分区的概念及理论基础进行研究,并对功能分区的技术方法进行评述(陈星怡和杨子生,2012)。有的学者从分区的方法上进行研究,将遥感、GIS技术与生态功能相结合划分生态功能区(王传辉等,2013),运用系统聚类法、叠加法、归纳对比法(曲晨晓和孟庆香,2008)、生态位适宜度模型(蒙莉娜等,2011)、网格法与ANN的BP模型相结合法(王德光等,2012)进行研究。有的学者在研究范围尺度上进行研究,如流域土地利用功能分区(刘世斌,2013),市级、县级或乡镇级尺度土地利用功能分区(罗舒雯等,2011;庄红卫等,2010;汪樱和李江风,2013)。还有学者将土地利用变化与生态研究相结合,以突出人类活动的作用和影响(许倍慎,2012;廖炜,2011)。此外,还有部分学者在土地利用的基础上进行管制分区(陈龙高等,2014;徐理等,2012)与整治分区的研究(陈文波等,2015;王磊等,2008)。不同的生态功能分区方法及方案为我国生态功能区划提供了参考依据。

综上所述,国内外对土地分区的相关研究取得了一定成果,丰富和发展了土地分区的理论与方法,但是当前土地分区主要着眼于土地用途分区、土地功能分区,较注重分区的方法研究,而对土地分区的目的和作用,尤其是土地生态管护分区的研究较少。因此,在研究中将土地生态管护分区与生态建设调控结合起来,以期改善土地生态状况、调控区域土地生态建设,这对丰富和完善土地生态管护分区的理论与方法具有重要意义。

### 1.2.4 国内外研究存在问题与不足

综上所述,国内外对土地生态质量评价和空间分异的研究还存在以下问题和不足。

(1)准确客观反映质量差异的土地生态质量评价指标体系构建与定量评价方法仍需进一步深入研究。目前,土地生态质量评价方法多以PSR框架模型为基础,缺乏定量评价的方法。其次,缺乏统一的指标体系,由于对指标选取的考虑角度不同,选取的评价指标及指标作用大小的界定主观性较大,且大多选用统计指标,而表征土地生态质量的生态本底、生态结构、生态效益、生态胁迫等方面的指标较少考虑。

(2)土地生态质量空间分异的相关研究以省域流域尺度为主,通过土地生态质量的空间格局、生态环境和生态服务价值等方面进行空间分异研究,忽视了识别影响土地生态质量空间分异主控因子的方法和模型研究,导致研究不能客观地说明土地生态质量的空间分布状况、空间变化规律及形成分异的影响因子。

(3)土地分区多侧重于土地的用途分区、功能分区等,且分区多为宏观尺度(省域、市域、市级或县域),分区偏重于学术研究,未深入考虑各级国土部门的管控定位和实际要求。

## 1.3 相关基础理论

土地生态质量状况和空间差异是区域内土地资源自然特性、社会经济发展状况及景观生态状况等因素的综合表现,也是区域自然-经济-社会复合作用的结果,对土地生态质量开展评价和空间分异的科学分析研究必须以人地协调、可持续发展等相关理论为基础。

### 1.3.1 人地协调理论

人地关系,即人与地理环境的关系。在人地关系理论中,"人"是一个双重的概念,它既可以指在一定的空间范围内,从事物质资料生产并进行一系列社会活动的现实中的人,又可以指具有丰裕含义、很多复杂关系和系统结构、运筹功能的"系统人"。"地"则是指地理条件,以其多重功能和无限的丰富性,满足人类不断变化的多样需求。因此,多功能的地理环境和多层次的人的整体系统双向生成、彼此渗透、相互作用就构成了关系复杂、内涵丰富的人地关系系统。

人类的一切活动都是在特定的地理环境中进行的,并与之发生密切而日益深广的互动关系。人地关系集中体现在人类的生产和生活两大方面,物质资料的生产赋予人地关系的内涵体现在以下几个方面:一是,人类的生产活动以自然条件提供的物质资料为基础,并最终决定着生产的对象和结果;二是,自然基础对资源的赋存有很大的限制作用,并影响生产活动的过程;三是,自然界各种资源的分布组合具有一定特点,产生了人类生产活动的地域性差异;四是,人类活动在产生巨大经济价值的同时,也对自然条件具有一定的破坏作用,主要表现为资源赋存减少和区域环境遭受污染两个方面。

人地关系系统是指发生在地球表层空间上,在人类以其智力始终占据主导地位的前提下,人类与地理环境相互影响、相互作用而形成的一种动态结构。人类在处理与土地的矛盾过程中形成一系列理论和方法,其成为地理学和经济地理学等学科的重点课题。

人地关系的理论与研究,一是,进行区域开发和区域管理的理论依据。任何区域开发、规划和管理调整都必须以改善人地相互作用格局、提升人地良性作用潜力和促进区域人地关系系统可持续发展为出发点,为区域开发和管理提供科学有效的理论支撑。二是,人地关系研究为区域的可持续发展提供理论支撑,是促进区域可持续发展由理论转为实践的关键落脚点。三是,人地系统是客观存在的,泛指人类生存的陆地地表空间,它为人类生产和生活提供基础的物质来源,其理论体系是人文地理学的基本理论或核心理论。四是,除了地理学之外,环境科学、生态学和历史地理学等学科也以人地关系为研究核心或主要研究对象。

人地关系的协调不仅涵盖人类对土地利用多方位、多角度、多时相的动态协调性,也包括平衡人类活动与资源赋存、环境污染之间的矛盾。人类的可持续发展是以资源的可持续利用和环境的良性发展为前提的。随着社会和经济的发展,人类对土地的需求不再是单纯依赖土地的自然供给,也有能力利用和改造自然,以满足日益增多的需求,人地关系的内涵已扩展到"人口-土地-粮食-能源-环境"的多元结构与联系上。因而,在人地关系中,人类在利用土地资源时,一要注意保持自然界的平衡与协调,二要保持自身与自然环境之间的平衡与协调。

因此,在对区域生态进行评价时,要将人地协调理论用来指导区域生态评价的指标体系构建,并针对区域生态状况为区域可持续发展和区域生态决策与管理提供理论依据。不能只关注土地资源的自然因素和经济效益,更应注意人口因素对土地生态系统的影响,以促进人地关系协调发展。

### 1.3.2 可持续发展理论

在20世纪50年代以前,即工业革命时期,发展开始引起人们的关注,被认为是物质财富增加和生活条件改善的必经之路。其后,即20世纪60~70年代,随着人口的增加,人地矛盾日益突出,资源短缺和环境恶化逐渐显现,人类逐渐注重对发展内涵的挖掘,发展被定义为人类社会与自然环境的协调过程。80年代以后,随着经济的发展,资源环境之间的矛盾逐渐加剧,人们开始意识到想要从根本上解决人地关系问题,就必须改变固有的模式,走可持续发展的道路。1980年,《世界自然保护大纲》的发表成为可持续发展思想一个新的里程碑,它提出了可持续发展和环境保护的相互关系问题。1987年,世界环境与发展委员会发表报告《我们共同的未来》,明确提出了可持续发展的思想,强调要加强经济发展与环境保护之间的平衡关系。1989年公布的《环境署第15届理事会关于"可持续发展"的声明》指出了可持续发展的内涵,并强调发展绝不可以侵犯国家主权的基本约束。该声明对可持续发展的诠释成为后来国际上公认的发展思路。

区域可持续发展系统实际上是由人口密度、资源禀赋、区域环境和发展几个因子共同组合形成的,是一个具有自组织能力的开放的非线性复杂系统(毛汉英和余丹林,2001)。可持续发展思想的核心是发展,基本要求是全面协调可持续,即在维持人口密度、环境质量、资源赋存相互平衡的条件下,实现区域经济社会的可持续发展(图1-1)。可持续发展的前提是,人们在经济发展的同时必须兼顾与生态环境之间的协调,不能将今天的繁荣建立在明天的萧条之上,即形成"人口-资源-环境-经济发展"良性可循环的发展模式。土地是最珍贵的自然资源,是创造其他社会财富的基础,土地资源可持续利用已经成为人类社会可持续发展的重要内容,也是可持续发展观框架下土地利用的必然选择。因此,土地资源的可持续发展应建立在土地的开发利用不超过土地承载能力的基础上,体现节约、集约、持续性、公平性的原则,最终实现不同空间尺度的协调发展。

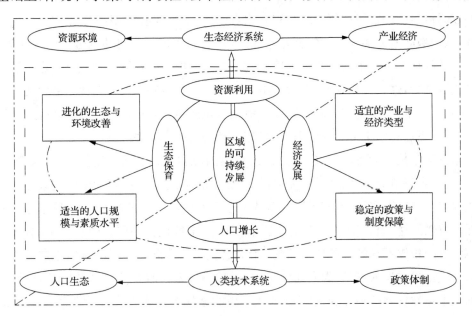

图 1-1　区域可持续发展的理论诠释模式图

土地资源可持续利用可促进人口、资源、环境及社会经济持续性发展,是解决人类所面临的主要环境问题的方法和途径。因此,开展区域土地生态质量评价与空间分异研究必须以土地资源的可持续利用为出发点,充分考虑土地资源数量、质量和生态环境特征,才能科学、合理地评价区域土地生态质量状况,为实现区域土地生产力的持续、稳定增长,防止区域土地退化和保持土地利用潜力提供支撑,并实现良好的生态、经济和社会效益。

### 1.3.3　人与自然和谐发展理论

人与自然的协调发展,要求在经济社会发展过程中,注重兼顾经济发展、人口规模、资源赋存及利用方式、环境质量的弹性健康发展,以达到资源集约节约与环境良性循环的社会总体目标,最终实现提高人们生产、生活水平的根本目标。人与自然和谐发展理论的核心思想是人与自然的和谐,体现在经济建设和土地利用过程中的方方面面(杨国清和祝国瑞,2005)。

人与自然的和谐建立在人类社会生产能力的基础上,人类通过社会大生产将自然资源转变为具有一定利用价值的物质产品,以从生理和精神等不同层次满足人类生产、生活的需要,最终维持社会系统的正常运行;自然条件所能提供的物质资料和自然环境所能承受的净化能力对人类社会的生产活动具有根本性的决定作用。该理论要求人们要正确认识自然、挖掘其中的规律来指导人们的实践活动,以达到与自然的和谐相处。人们在通过自己的智慧和能力改造和利用自然的同时,难免会对自然环境造成一定的破坏,从而威胁着人类与自然的良好相处。因此,为实现人与自然的健康永续相处,加强对自然的保护不可小觑。做到利用改造自然和保护环境相结合,两手抓,稳步恢复自然环境承载力,这是保障生产、生活健康可持续的前提条件。人与自然和谐发展理论强调"统筹",注重人与环境的和谐,倡导土地生态伦理,将生态伦理学的观点引入土地利用系统中,更加有益于引导和处理人类与土地生态、环境的关系。

随着科学技术的飞速发展,人类改造自然的能力有所提高,创造了巨大的物质财富,同时对生态造成了严重破坏,环境污染、资源枯竭、生态失衡等问题已经威胁到人类的生存与发展。事实上,人们对当前全球生态环境危机的认识较充分,治理生态环境的环保科技较发达,但为什么环境污染愈演愈烈,生态危机日趋严重呢?可见,造成生态环境危机的根源不是经济和技术问题,而是文化价值观念。经济利益的追求阻碍了人们对环境治理的投入,自然为人类提供越多的财富,人类对自然物质的要求就越多,从而加快了自然资源的消耗速度与对自然资源的破坏力。人们在改造和利用自然的同时,难免对自然环境造成一定的破坏,其威胁着人类与自然的和谐相处,为实现人与自然的健康永续相处,需将改造自然和保护环境相结合,稳步恢复自然环境承载力。建立生态友好型土地利用体系,提高土地利用效率,加强生态环境保护,才能实现土地生态系统的可持续发展。而要实现土地资源的可持续利用,对土地的科学评价是基础和前提。因此,在土地生态评价研究中,建立的评价指标体系和评价模型要体现和充分运用人与自然和谐发展的理念。

### 1.3.4 土地生态学理论

土地生态学是一门研究土地生态系统组成与特征、结构与功能、发展与演替、优化利用与调控的学科,它以土地为研究对象,对系统内生物和非生物因素的相互作用机理及其利用管理进行不同层次的综合研究。对土地生态开展相关研究要体现以下几个方面的特点。

1) 空间地域性

受自然基础条件,如土壤、气候等条件的限制,各种土地形态的空间分布存在着明显的地域性。因此,土地生态评价研究需注重各区域土地生态系统的差异,以揭示不同区域间土地生态系统质的差别和耦合联系,阐明在不同空间尺度上不同的土地生态变化规律。

2)时间动态性

土地质量和土地利用类型都不是孤立和静止不变的,都会随着时间而改变,土地生态评价必须注重研究土地质量和利用状况随时间而变化的情况,不断揭示土地质量及利用变化的规律和机理。

3)对象的宏观性

土地生态不同于有明确界限的微观生态,如生态学、植物生态学和动物生态学等,它具有较大的宏观性和伸缩范围,是以研究宏观性的土地问题为重点的。

4)问题的综合性

土地生态系统是一个集自然、社会和经济的复合生态系统,当前的土地生态问题主要集中于资源、环境、经济与社会等众多层面上。因此,对土地生态进行研究要具有综合性。

5)方法的多样性

土地生态问题复杂多样,在解决土地生态问题时,需兼顾各方面的综合因素,因此,土地生态问题的解决要求其研究方法多样化。

人口的快速增长,对土地资源构成直接压力,是引起局部土地生态环境破坏的重要原因之一。一方面,由于人口过多、粮食不足及土地资源的严重匮乏,导致人们毁林开荒、毁草垦殖、过度开采矿产资源等,从而造成土地生态破坏;另一方面,由于消费增长,引起向环境排放废弃物的增加,导致土地生态环境污染。此外,在资源的开采过程中也占用和破坏大量土地,同时还带来严重的环境污染。这几个方面的消极后果往往相互交织、相互影响,并形成恶性循环,给区域土地生态质量造成严重影响。

因此,在开展区域土地生态质量评价和分区研究时,要充分考虑土地生态各因素间的相互关系,以土地生态学原理为指导,进行土地生态质量评价的指标体系构建,以便正确地评价区域土地生态质量,土地生态管护分区和管控对策更要遵循土地生态规律。

### 1.3.5 景观生态学理论

景观生态学是由特罗尔(Troll.C)于1939年正式提出的,其研究支配一个区域不同地域单元自然-生物综合体的相互关系。景观生态学主要研究空间格局和生态过程的相互作用及尺度效应,它以整个景观为研究对象,研究景观的美化格局、优化结构、合理利用和保护(傅伯杰,1991)。景观生态学强调异质性、尺度性、高度综合性。从组织水平上讲,景观生态学处于较高层次,具有很强的实用性。景观综合、空间结构、宏观动态、区域建设、应用实践是景观生态学的主要特点(Opdam et al.,2002)。

格局、过程和尺度是景观生态学的核心。景观格局主要是指构成景观的生态系统或土地利用/土地覆被类型的形状、比例和空间配置(傅伯杰等,2003)。这种景观格局主要依据景观空间结构的外在表象,是景观格局"斑块-廊道-基质"分析框架的具体化,但在应用过程中表现出了很大的局限性。因此,以生态过程和景观生态功能为导向的格局分析对土地生态研究具有重要的启示意义,生态过程是景观中生态系统内部和不同生态系统之间物质、能量、信息的流动和迁移转化过程的总称,其具体表现多种多样,包括植物的生理生态、动物的迁徙、种群动态、群落演替、土壤质量演变和干扰等在特定景观中构成的物理、化学和生物过程,以及人类活动对这些过程的影响(吕一河等,2007)。任何景观的生态过程都包括时间、空间尺度,景观格局和景观异质性依据所测定的时间、空间尺度变化而异。

景观格局与生态过程之间存在着紧密联系。格局与过程的关系在某个确定的尺度上是一对多的关系,而在不同尺度之间格局与过程的关联将会更加复杂。在现实景观中,格局与过程是不可分割的客观存在。因此,研究景观格局-过程需要具体问题具体分析。格局过程相互作用及其尺度依赖性如图1-2所示。

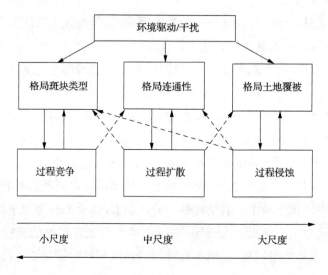

图1-2　格局过程相互作用及其跨尺度关联图

景观格局是景观异质性在空间上的综合表现,是人类活动和干扰下的结果。改善区域土地生态环境,可以通过优化改变景观格局来实现,通过改变景观格局,控制有害过程恢复有利过程,才能科学、高效地实现区域土地资源的合理利用,达到土地利用综合效益的最大化。因此,开展区域土地生态评价应以景观生态学理论为指导,建立科学的评价指标体系,从时间、空间的不同尺度充分考虑土地利用特征,从而作出科学的评价。

### 1.3.6 系统学理论

系统论是运用逻辑学和数学方法研究一般系统运动规律的理论，是由贝塔朗菲（Bertalanffy）首次提出的。该理论从系统的角度揭示了客观事物和现象之间相互联系、相互作用的共同本质和内在规律性。

整体性是系统论的基本原则，该原则要求正确处理整体与部分间的辩证关系。系统论主张从对象的整体和全局进行考察，反对孤立研究其中任何部分、仅从个别方面思考和解决问题。关联性原则以系统中各个组成部分之间的相互联系和关系为内容，它与整体性原则密切相关。结构性原则着眼于系统整体内部所有要素之间的关联方式，即系统的结构，其中包括层次性和有序性。整体性原则和关联性原则统一于结构性原则。系统的性能不仅同组成要素的性能有关，还与它们的结构有关，结构的不同和改变相应地就会有系统功能的不同和改变。系统论开放性原则重视系统和环境的物质、能量和信息交换，强调系统和环境是相互联系、相互作用的，并在一定条件下可以相互转化。此外，系统论还强调动态性原则，即把系统作为一种不断运动、发展变化的客观实体去研究。

土地作为人类生产生活的物质载体，不断与外界进行物质和能量交换，且不断演化，已成为包括自然、社会、经济等在内的复合生态系统，每个子系统既相互独立又相互作用，彼此之间相互影响。要使土地生态系统保持平衡状态，必须协调自然、经济和社会3个系统之间的关系，对土地生态系统中的各子系统进行研究，才能综合了解土地生态系统整体状况。同时，在对区域土地生态系统进行调控时，不仅要考虑系统内部各要素之间的关系，还要科学处理与系统外部环境间的关系，只有这样才能全面、高效地发挥土地生态系统的功能。因此，研究区域土地生态评价指标体系及评价模型，开展土地生态质量空间分异研究，需要以系统学理论为指导，才能为提升国土部门综合管控能力提供有效支撑。

## 1.4 研究目标与内容

### 1.4.1 研究目标

本书服务于地市级国土部门强化土地资源"数量管控、质量管理、生态管护"三位一体管理能力的技术需求，利用"3S"技术，整合经济社会、土地利用变更调查、地球化学调查、样点监测数据和遥感数据，建立适用于市域尺度的土地生态质量评价指标体系和评价模型，评价区域土地生态质量状况，探讨区域土地生态质量空间分异方法，明晰土地生态质量空间分异特征及其主控因子,进行土地生态管护分区,提出差异化的土地生态调控策略和管控建议,为地市级国土管理部门提升土地生态管控能力和水平、改善土地生态状况、加快土地生态文明建设提供科学依据和决策支持。

### 1.4.2 研究内容

以焦作市为研究区,综合运用遥感、GIS、生态学、景观生态学等方法,构建适用于市域尺度的土地生态质量评价指标体系和质量评价模型,探析区域土地生态质量空间分异及其主控因子识别方法,研究土地生态管护分区与调控技术体系,提出差别化的土地调控建议。本书具体研究内容如下。

1) 市域尺度土地生态质量评价指标体系构建研究

基于人地关系协调、可持续发展、景观生态和土地生态科学理论,遵循综合性和差异性等原则,从地市级国土管理部门土地生态建设与管控功能定位入手,基于自然-人类活动引起的土地生态变化过程与管理调控引起的土地生态响应过程,以对土地生态质量影响显著的因子为土地生态质量评价指标原则,研究建立适用于市域尺度的由生态本底、生态结构、生态效益、生态胁迫等方面构成的土地生态质量评价指标体系。

2) 基于改进理想点的市域尺度土地生态质量评价模型构建

在分析市域尺度与现有国家、省级宏观评价及县域、地块等微观评价差异的基础上,面向地市级国土管理部门土地生态建设与管控需要,研究主客观赋权结合的土地生态质量评价指标权重计算和评价指标标准化方法,提出面向土地生态管控的评价单元确定方法,构建基于改进理想点的土地生态质量评价模型,建立土地生态质量分级方法,对焦作市开展土地生态质量评价与分级研究。

3) 市域尺度土地生态质量空间分异及其主控因子识别研究

在土地生态质量评价的基础上,借助计量地理学空间自相关思想,研究基于热点分析模型的土地生态质量空间分异分析方法,揭示要素的空间集聚和分异程度;从全域分异和各土地生态质量空间分异类型区两方面,梳理焦作市土地生态质量空间分异特征,基于决策树和主成分分析模型的主控因子识别方法,对焦作市进行土地生态质量空间分异及其主控因子识别分析,识别全域和各土地生态质量空间分异类型区的主控因子。

4) 土地生态管护分区及调控研究

以土地生态质量等级、景观生态、土地利用规划空间管制及区域发展等理论为基础,研究构建土地生态管护分区指标体系与聚类分区模型,提出基于GIS技术的土地生态管护分区方法,对焦作市进行土地生态管护分区划分,并依据区域土地生态问题分区,提出改善土地生态状况、强化土地生态调控的管控建议,加快焦作市土地生态文明建设。

## 1.5 研究方法与技术路线

### 1.5.1 研究方法

以人地关系协调、可持续发展、景观生态和系统学等理论为基础,综合运用地理学、土地生态学、景观生态学、生态影响评价等原理与方法,借助 RS 和 GIS 技术、理论分析、现场调研、试验、信息挖掘等途径进行研究。具体研究方法如下。

(1) 基于人地关系协调、可持续发展、景观生态和系统学理论,采用多指标集合度量法,根据区域土地生态特点和问题,综合考虑区域土地的生态本底、生态结构、生态效益、生态胁迫 4 个方面的因素,构建市域尺度土地生态评价指标体系,全面反映区域土地生态质量状况;

(2) 基于信息挖掘理论、"3S"技术、模糊决策理论等方法,融合地面调查、野外采样、现场技术实验和数据挖掘等技术,获取区域土地生态质量评价指标属性信息;

(3) 通过分析对比市域土地生态管控要求及省域、市域、县域评估差异,构建市域土地生态质量评价模型;

(4) 利用热点分析模型进行区域土地生态质量空间分异研究,依据决策树和主成分分析法,从全域分异和各土地生态质量空间分异类型区两方面,分析识别引起区域土地生态质量分异的主控因子;

(5) 结合土地生态质量等级、土地生态质量空间分异及主控因子,开展基于 GIS 聚类分析模型的土地生态管护分区方法研究。

### 1.5.2 技术路线

本书的技术路线如图 1-3 所示。其分为资料收集整理分析、土地生态质量评价指标体系与评价模型构建及应用、土地生态质量空间分异及其主控因子识别、土地生态管护分区及调控等环节。

(1) 资料收集整理分析。对土地生态评价、分异及分区等方面相关文献进行总结梳理,奠定研究理论与方法基础;搜集、分析和整理研究区的社会经济、基础地理、土壤、植被、地形地貌、土地利用、土地损毁状况及气候水文方面等信息,初步了解研究区土地生态状况现状及问题。

(2) 市域尺度土地生态质量评价指标体系构建。以全面性、综合性与代表性为原则,基于土地生态系统自身的状态指标和对区域土地生态有直接影响的人为响应指标,从生态本底、生态胁迫、生态结构与生态效益等角度构建土地生态质量评价指标体系。

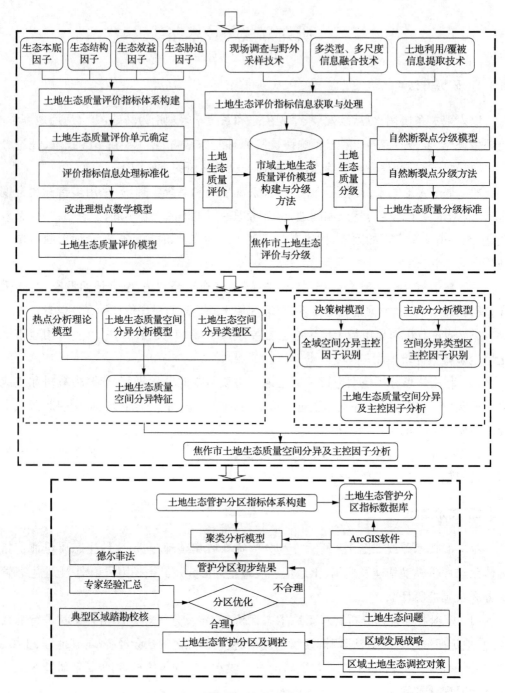

图 1-3 技术路线图

(3) 市域尺度土地生态质量评价模型构建及应用。在建立土地生态评价指标体系的基础上，从评价单元选择、评价指标标准化、理想点数学模型改进等方面构建土地生态质量评价模型;融合现场调查、空间叠加、遥感获取、多类型多尺度信息融合等技术,对评价指标信息进行获取和做相应处理;对常用的如等间距分级、自然断裂点、实证探测法等分级方法进行研究,确定最优的土地生态质量分级方法,对研究区进行土地生态质量评价和质量分级。

(4)市域尺度土地生态质量空间分异及其主控因子识别。在土地生态质量评价的基础上,利用热点分析模型,开展土地生态质量空间分异分析方法研究,从全域分异和各生态质量空间分异类型区两方面,研究引起分异的主控因子识别方法,对焦作市开展空间分异及其主控因子识别分析。

(5)土地生态管护分区及调控。在土地生态质量评价分析的基础上,基于GIS技术和聚类分析,研究构建土地生态管护分区指标体系与分区模型,对焦作市进行土地生态管护分区划分,提出相应的土地生态建设调控策略和措施。

# 第2章 研究区概况与数据来源

## 2.1 研究区概况

### 2.1.1 自然地理背景

焦作市位于河南省西北部(图2-1),北依太行山,与山西省晋城市接壤,南临黄河,与郑州市、洛阳市隔河相望,东临新乡市,西临济源市。地理坐标为北纬35°10′~35°21′,东经113°4′~113°26′,东西长约32.5km,南北宽约19.7km,全市土地总面积为3973.25km²。

图2-1 研究区在河南省的位置

1）地形地貌

焦作市地处太行山脉与豫北平原的过渡地带,地貌由平原与山区两大基本结构单元构成,地势由西北向东南倾斜,由北向南渐低(图 2-2),从北部太行山区到南部平原呈阶梯式变化,层次分明,由北向南其地貌依次为山区－丘陵区－山前洪积平原－山(扇)前槽交接洼地－郇封岭岗地－沁河河漫滩－黄沁河冲积平原＋古黄河河漫滩－青风岭岗地－黄河河漫滩(黄河带状冲积平原)(图 2-3),根据其特征及成因,全市可划分为山地、山前平原两个一级地貌单元和 8 个二级地貌单元。

图 2-2 焦作市遥感影像图

(1) 丘陵:主要分布于市域北部,包括沁阳市、博爱县、中站区、解放区、山阳区、马村区和修武县的北部,是太行山脉的一部分,地貌类型包括构造侵蚀中山、构造溶蚀低山和构造剥蚀丘陵。其中,构造侵蚀中山分布于焦作市北部一带,山体呈北东向展布,地面高程大于 1000m,地形陡峭,沟谷深切,有似峰林地貌,主要由太古宇变质岩及古生界碳酸盐岩组成;构造溶蚀低山分布于沁河口、寨豁西村、子房沟、黑龙王庙一线以北,地面高程为 500～1000m,山势较陡,断裂构造发育,侵蚀切割严重,地面岩溶发育,岩性以碳酸盐岩为主,其次为碎屑岩与碳酸盐岩互层;构造剥蚀丘陵分布在孟州市西部及太行山前一小部分,地面高程为 200～500m,山顶部位呈浑圆状,山脊呈圆滑线状,山坡平缓,岩性主要为碳酸盐岩及碎屑岩。

(2) 山前平原:主要分布在焦作市中部和南部地区,主体为山前冲积平原,主要地貌类型包括山前倾斜平原,沁、黄河冲积平原,扇前洼地,岗地和滩地等。其中,山前倾

图 2-3　焦作市地貌形态示意图

斜平原分布于太行山前五里源、待王、阴庙、西向一线以北,主要由坡积、洪积、冲积扇裙组成,地面高程为 87～200m,坡降为 6‰～10‰,组成物质以粉土、粉质黏土为主,部分为砂砾石,地势由北西向南东倾斜;沁、黄河冲积平原分布于沁河与黄河之间,以及武陟县东部,由黄河、沁河冲积而成,组成物质为全新统粉土、粉质黏土,地面高程为 85～110m,地形平坦,坡降为 2‰～3‰,微向东南倾斜;扇前洼地分布于沁河和大沙河两岸,地面高程在沁河两岸为 110～120m,在大沙河岸沿岸为 80～98m,地势低洼、易发生洪涝灾害,由冲积粉质黏土组成;岗地主要分布于武陟-获嘉一带,为最早的黄河故道,高出两侧地面 2～4m,组成物质为粉土、粉细砂夹黏土、粉质黏土薄层;温县一带也呈岗状分布,东西长约 35km,南北长 2～3km,组成物质为粉土;滩地分布于黄河河床的两侧,依其高低差异,又分为高、低漫滩,二者高差 2～4m,微向河床倾斜,由粉土、粉细砂及黏土组成,见有薄层理。

2) 水文

焦作市地理位置得天独厚,拥有丰富的地表水和地下水资源。全市可开发利用的水资源总量为 21.65 亿 $m^3$,其中,地表水和浅层地下水 8.1 亿 $m^3$,岩溶水 2.55 亿 $m^3$,过境水 3.0 亿 $m^3$,省分配全市引黄指标 8.0 亿 $m^3$,南水北调中线工程每年可提供 2.82 亿 $m^3$ 的用水指标。全市境内河流众多,较大型河流有黄河、沁河、新㳘河、老㳘河、丹河、大沙河等,还有云阳河、神仙河、瓮涧河、普济河、山门河等季节性河流,分属黄河、海河两大水系。境内拥有群英、八一、马鞍石、顺涧湖、青天河等多座水库,基本上可以保证常年有水,其广泛用于工业生产和农、林业灌溉。这些条件为焦作市的经济社会持续健康发展提供了有力的水资源保障。

3) 气候

焦作市属温带大陆性季风气候,日照充足,冬冷夏热、春暖秋凉,四季分明,年平均气温为12.8~14.8℃,7月最热,月均气温为27~28℃,1月最冷,月均气温为-3~1℃,历史极端最高气温为43.6℃(1966年6月22日),历史最低气温为-22.4℃(1990年2月1日)。

4) 矿产资源

焦作市矿产资源丰富,储量较大,有煤炭、耐火黏土、铜、铁、石英、大理石、铝、锌、磷、锑等,矿产资源有40余种,占河南省已发现矿种的25%。焦作市煤矿久负盛名,包括古汉山矿、中马村矿、九里山矿等煤矿,矿区煤矿分布如图2-4所示。耐火黏土主要分布于修武至沁阳一线的太行山南侧,埋藏浅,易开采,耐火度达1650~1770℃,是生产陶瓷、耐火材料的优质原料,已探明储量4686.9万t,占河南省保有储量的9.5%;铁矿主要分布于焦作和沁阳,保有储量2726万t,工业储量740.6万t,以磁铁矿为主,含铁量为32%;硫铁矿保有储量3475.5万t,占河南省储量的41%,品位一般在16%~20%,洗选性能良好,主要位于冯封矿区,矿体长3000m,宽300~600m;石灰石分布广、储量大,工业储量33亿t,远景储量100亿t,厚度稳定在30m以上,含氧化钙52%~54%,主要分布于北部山区,面积为500km²,是生产纯碱、乙炔、水泥等产品的优质原料;此外,焦作市还有铜、铁、石英、大理石、铝、锌、磷、锑等矿产资源,其矿产开发为我国经济发展作出了巨大贡献,但也对区域生态环境造成了极大破坏,造成大量土地塌陷、挖损和压占。

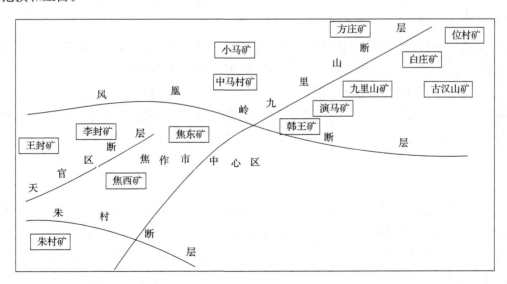

图 2-4 焦作市矿区煤矿分布示意图

5）生物资源

焦作市动植物资源比较丰富，有猕猴、豹、香樟等野生动植物，其中属国家保护珍稀动物的有 20 多种。焦作市属华北植物落叶植被区，有木本植物 143 科 875 种、草本植物 69 科 469 种，属国家保护的珍稀树种有红豆杉、连香树、山白树、银杏、杜仲、青檀树等；主要粮食作物有小麦、玉米、水稻，主要经济作物有花生、棉花、大豆、怀药等。1.8 万亩①的竹林是华北地区最大的竹林，"四大怀药"（山药、牛膝、地黄、菊花）闻名中外。

6）生态旅游资源

焦作市生态旅游资源丰富，地形地貌独特、区位优势突出，名扬中外的太行大峡谷景观绵延 70 余千米，面积约为 700 $km^2$，有云台山、神农山、青龙峡、青天河和丹河峡谷等优美的自然景观。其中，云台山是全球首批世界地质公园、中国首批 5A 级旅游景区，2007 年云台山与美国国家公园——大峡谷结为姐妹公园。焦作市湿地资源丰富，黄河流经焦作段东西长约为 98km，经过孟州市、温县、武陟县形成了总面积约为 3.8 万 $hm^2$ 的湿地，是全市土地生态环境中不可或缺的一部分，在抵御洪水、净化污染、调节气候等方面发挥着不可替代的作用。焦作市是中国首个荣获联合国"世界杰出旅游服务品牌"奖项的城市，并荣获中国优秀旅游城市、中国最佳休闲旅游城市、中国旅游竞争力百强市等称号。

## 2.1.2 经济社会条件

2013 年年末，焦作市总人口为 366.60 万人，常住人口为 351.41 万人。出生率为 10.37‰，死亡率为 5.37‰，自然增长率为 5.0‰，城镇化率达到 52.02%。

2013 年，焦作全市生产总值为 1707.36 亿元，比上年增长 10.7%。其中，第一产业增加值为 133.07 亿元，增长 4.4%；第二产业增加值为 1151.02 亿元，增长 12.4%；第三产业增加值为 423.27 亿元，增长 7.2%。人均生产总值达到 48 545 元。三次产业结构由 2012 年的 7.9∶67.5∶24.7 变化为 7.8∶67.4∶24.8，第三产业比重比 2012 年提高 0.1 个百分点。焦作市地方财政收入为 139.22 亿元，比 2012 年增长 18.2%。

## 2.1.3 生态环境状况

焦作市域生态环境的总体自然格局基本良好，全市建成烟尘控制区 16 个，面积为 153.20$km^2$；建成环境噪声达标区 23 个，面积为 119.20$km^2$。从焦作市生态环境质量状况看，全市可分为生态低敏感区、中度敏感区、较高敏感区和敏感区。生态低敏感区面积约占市域总面积的 79.96%，主要分布在地形平坦、海拔较低的平原地区；中度敏

---

① 1 亩≈666.7$m^2$。

感区面积约占市域总面积的19.90%,主要分布在山前丘陵区和部分平原河流流经地区;较高敏感区和敏感区面积仅占市域总面积的0.14%,主要分布在坡度为25°以上,极易形成水土流失的太行山区。随着焦作市新型工业化和城镇化步伐的进一步加快,城市规模、人口数量快速增长,在局部区域诱发了土壤质量下降、空气水体污染、生态退化等一系列生态环境问题,其成为全市经济社会持续健康发展的制约因素。

### 2.1.4 土地利用现状及特点

2013年,焦作市土地总面积为3973.25km²,其中农用地面积为2798.43km²,占土地总面积的70.43%;建设用地面积为797.38km²,占土地总面积的20.07%;其他土地面积为377.44km²,占土地总面积的9.5%。具体土地利用类型见表2-1。

1. 焦作市土地利用现状

1) 农用地

a. 耕地

2013年,耕地总面积为2064.67km²,占土地总面积的51.96%。其中,水浇地为1876.36km²,占土地总面积的47.22%;旱地为156.21km²,占土地总面积的3.93%;水田为32.10km²,占土地总面积的0.81%。

b. 园地

2013年,园地总面积为39.62km²,占土地总面积的1.00%,主要分布在孟州市,其他地区有零星分布。

c. 林地

2013年,林地面积为625.24km²,占土地总面积的15.74%,主要分布于北部山区及孟州市西部,焦作市其他地区分布较零散。

d. 其他农用地

2013年,焦作市其他农用地面积为68.9km²,占土地总面积的1.73%。其中,设施农用地为29.25km²,占土地总面积的0.74%;农村道路为1.00km²,占土地总面积的0.03%;坑塘水面面积为13.69km²,占土地总面积的0.34%;农田水利面积为24.95km²,占土地总面积的0.63%;田坎面积为0.01km²。

2) 建设用地

a. 城乡建设用地

2013年,焦作市城乡建设用地面积为701.83km²,占土地总面积的17.66%。其中,农村居民点用地为451.83km²,占土地总面积的11.37%;城镇用地为213.71km²,占土地总面积的5.38%;采矿用地为36.29km²,占土地总面积的0.91%。

表 2-1  2013 年焦作市土地利用现状表　　（单位：km²）

| 地类 | | | 面积 |
|---|---|---|---|
| 农用地 | 耕地 | | 2064.67 |
| | 园地 | | 39.62 |
| | 林地 | | 625.24 |
| | 草地 | | 0 |
| | 其他农用地 | | 68.9 |
| | 合计 | | 2798.43 |
| 建设用地 | 城乡建设用地 | 城镇用地 | 213.71 |
| | | 农村居民点用地 | 451.83 |
| | | 采矿用地 | 36.29 |
| | | 其他独立建设用地 | 0 |
| | | 小计 | 701.83 |
| | 交通水利用地 | 铁路用地 | 5.45 |
| | | 公路用地 | 44.29 |
| | | 民用机场用地 | 0 |
| | | 港口码头用地 | 0 |
| | | 管道运输用地 | 0.05 |
| | | 水库水面 | 6.66 |
| | | 水工建筑用地 | 23.52 |
| | | 小计 | 79.97 |
| | 其他建设用地 | 风景名胜设施用地 | 15.58 |
| | | 特殊用地 | 0 |
| | | 盐田 | 0 |
| | | 小计 | 15.58 |
| | 合计 | | 797.38 |
| 其他土地 | 水域 | | 246.14 |
| | 自然保留地 | | 131.3 |
| | 合计 | | 377.44 |
| 土地总面积合计 | | | 3973.25 |

b. 交通水利用地

交通水利面积为 79.97km²，占焦作市土地总面积的 2.01%。其中，铁路用地为 5.45km²，占土地总面积的 0.14%；公路用地为 44.29km²，占土地总面积的 1.11%。

c. 其他建设用地

其他建设用地为风景名胜设施用地，面积为 15.58km²，占土地总面积的 0.39%。

3）其他土地

2013年,焦作市其他土地面积为377.44km²,占土地总面积的9.5%。其中,水域及自然保留地面积分别为246.14km²、131.3km²,占土地总面积的比例分别为6.2%、3.3%。

2. 焦作市土地利用特点

1）土地利用类型多样、分布规律明显

北山、中川、南滩的地貌特征决定了焦作市土地利用类型多样。耕地主要分布于中南部平原,园地主要分布于西南丘陵区,林地主要分布于北部山区,工矿用地主要分布于郑焦晋高速沿线和城镇周围,其他用地主要分布于北部的太行山和南部沿黄滩区。

2）耕地比重大,土地利用率高,耕地后备资源潜力小

2013年,焦作市耕地面积占全市土地总面积的51.96%,土地利用率为90.5%,其他土地仅占土地总面积的9.5%,耕地后备资源少。

3）农村居民点用地比重较大,有一定的整治潜力

焦作市农村居民点用地占土地总面积的11.37%,高于河南省的平均水平,农村人口多,具有一定的整治潜力。

### 2.1.5　存在的主要土地生态问题

目前,焦作市土地利用与生态的主要问题是人口耕地逆向发展,人地矛盾十分突出。建设用地面积激增,以及耕地、园地和未利用土地面积整体锐减,土地后备资源储备率逐年降低;局部区域农业污染和工业"三废"的排放,矿产资源与土地资源的不合理开发和利用,在某种程度上导致区域土地生态环境质量严重下降,对焦作市土地生态造成了一定的影响。

第一,矿产资源的不合理开发和利用对区域土地生态造成了较大影响。焦作市矿产资源种类多、储量丰富,在矿产资源开发和利用的过程中,不但占用和破坏了大量的土地,同时还带来严重的环境污染。尤其是焦作市西北部低山丘陵区,矿产资源开发严重破坏了区域野生植被和土地资源,土地塌陷、土地挖损、土地污染等土地生态问题严重,从而造成区域土地退化,水源涵养和水土保持能力严重下降,生物多样性严重丧失。

第二,局部区域农业污染物和工业"三废"引起局部区域土地生态退化,环境呈现恶化趋势。焦作市是我国粮食主要的生产区域,多年来对耕地过度利用,依靠化肥维持高产,重产出、轻养护,从而导致耕地质量下降,并且由于农药、化肥的过度施用,对耕地造成一定程度的污染。工矿业生产过程中"三废"排放也对周围农田生态环境造成严重污染,从而导致耕地生产力下降。城郊农民利用污水灌溉,不但严重污染土壤环境,也对

农产品质量安全带来严重影响。

第三,对土地不合理开发和粗放利用打破了部分区域的土地生态平衡。随着焦作市经济转型和社会经济的快速发展,全市旅游业、高新技术产业及其相关服务行业快速发展,各产业间用地需求的矛盾逐渐显现。为了弥补建设用地的不足,大量荒山和滩涂地等未利用土地被开发利用,破坏了生态平衡,区域生态安全受到较大影响。

第四,局部地区存在土地生态质量退化现象,生态问题突出。焦作市作为全国的化工基地,因化工工业产生的废水、废气、废渣直接或间接地使土地受到不同程度的污染;其次,在山地丘陵地区,水土流失严重,造成土壤肥力下降,生态系统退化。

第五,新型城镇化、工业化进程的加快引起区域土地生态系统结构和生态环境退化。焦作市是新型城镇化、新型工业化的重点推进区,是农业现代化发展与城乡一体化的先行区,是重要的先进制造业、现代服务业和旅游业基地。随着新型城镇化、工业化进程的加快,焦作市旅游业、高新技术产业及其相关服务行业快速发展,大量耕地被占用,植被被破坏,土地退化现象严重,这也对区域土地生态环境质量造成较大影响。

## 2.2 数据来源

本书所需的原始数据主要分为 5 类:基础地理数据、遥感影像数据、土地基础业务数据、土壤理化性质及污染数据和气象及统计数据。

1) 基础地理数据

土地生态质量评价所需的基础地理数据主要有焦作市村级、乡级、县级行政边界数据,DEM 数据,地貌、水文、植被、地物等数据。其中,行政边界数据来源于焦作市 2013 年土地利用变更调查数据;DEM 数据来源于中国科学院计算机网络信息中心国际科学数据镜像网站提供下载的 30 m 分辨率的 ASTER GDEM 数字高程数据产品;其他基础地理数据来源于焦作市基础地理信息中心。

2) 遥感影像数据

土地生态质量评价遥感影像数据包括影像数据库和栅格数据库两类。其中,遥感影像主要包括美国 NASA EOS/MODIS 的 2013 年 MOD17A3 和 MODIS NDIV 产品 MOD12Q1 数据(https://lpdaac.usgs.gov/get_data/data_pool)与经过辐射定标、大气校正、几何校正等预处理的 Landsat TM 和 SPOT5 影像数据,影像衍生数据包括 NDVI 数据和通过面向对象分类及人工修正得到的土地损毁分布和城镇区域绿地、水面数据。

3) 土地基础业务数据

土地基础业务数据包括 2013 年焦作市土地利用变更调查数据、焦作市农用地分等定级数据和《焦作市土地利用总体规划(2006～2020年)》及数据库、城市总体规划、旅游规划、生态环境规划等数据,其来源于焦作市国土资源局、城乡规划管理局、环境保护局等单位。

4) 土壤理化性质及污染数据

土壤理化性质及污染数据包括多目标地球化学调查数据、辅助野外调查土壤采样数据、基础地力调查数据,其来源于焦作市农业局、环境保护局及现场调查。

5) 气象及统计数据

气象数据来源于焦作市气象站点2011～2013年降水观测数据,统计数据包括人口、粮食产量等数据,其来源于焦作市公安部门户籍登记数据、《焦作统计年鉴(2014年)》、《河南统计年鉴(2014年)》等。

# 第3章 基于改进理想点的市域尺度土地生态质量评价模型研究

土地生态质量评价主要包括评价指标体系构建、评价单元确定、评价模型构建、等级划分等内容。首先,基于人地关系协调、可持续发展、景观生态和区域科学理论,遵循综合性和差异性等原则,确定将对土地生态功能影响显著的因子作为土地生态评价指标并建立评价指标体系;从服务于土地管理、生态管护和精细化评价的角度,确定适宜的评价单元;同时,研究主观赋权与客观赋权相结合指标权重的计算方法,在确定权重的基础上,引入理想点模型并对其改进,构建土地生态质量综合评价模型,对土地生态质量等级划分方法进行研究。

## 3.1 市域尺度土地生态质量评价定位与要求

《中华人民共和国国民经济和社会发展第十三个五年规划纲要》提出,"十三五"期间,要建立以市县级行政区为单元,由空间规划、用途管制、差异化绩效考核等构成的空间治理和管理体系,土地生态建设是国家生态文明建设的重要组成部分,各级国土部门担负着改善土地生态状况的重大责任。

从我国现行的国家-省-市-县-乡镇五级管理体制看,地市级国土部门作为国家实现土地数量、质量、生态综合管控的关键环节,发挥着承上启下的重要作用,与目前开展的国家、省市宏观尺度评价和县域及地块尺度微观评价方法相比有较大差异。因此,在地市级尺度上进行土地生态质量评价研究,必须客观地分析市域尺度评价的作用、特征和内在要求,只有这样才能真正为提升地市级国土部门管控能力和水平提供科学依据和政策支持。

### 3.1.1 市域尺度土地生态质量评价定位与作用

按照我国现有的国土资源管理体制和分工安排,国家-省-市-县-乡镇等各级国土部门承担着不同的作用。国土资源部和省级国土部门主要负责制定全国或全省的土地生态建设战略、方向和重大工程部署,属于大尺度宏观管控和指导;县级和乡镇国土部门负责贯彻执行国家、省、市土地生态重大任务和工程部署安排,需要在微观尺度评价的基础上,从土地生态建设目标、土地管控分区、土地生态建设重点项目等方面进行落实,处于具体实施和操作层面;地级市国土部门介于二者之间,既要体现一定的宏观战略性,也要有一定的微观调控和可操作性,属于中观尺度。

综上分析,市域尺度土地生态质量评价的定位可概括如下:对上要能够为落实细化国家、省市关于土地生态建设的宏观战略部署提供支撑,对下要能为指导调控所辖县市区国土部门强化土地生态建设与管控工作提供决策依据,从性质上具有战略性、调控性、宏观性和一定的微观性,起着承上启下的衔接作用。

### 3.1.2 市域尺度土地生态质量评价的内在要求

由市域尺度土地生态质量评价定位与作用分析可以看出,进行土地生态质量评价指标体系建立、评价单元选择、土地生态质量评价模型构建、质量分级方法与标准等研究时,必须要以服务于地市级国土管理部门土地生态建设与管控需求为前提,其内在要求主要体现在以下几个方面。

(1) 土地生态质量评价指标体系构建研究,除了遵循评价指标信息可获取性、差异性、综合性及稳定性等原则外,既要从宏观尺度也要从一定的微观尺度上反映市域因自然-人类活动引起的土地生态变化过程与管理调控引起的土地生态响应过程,能够在市域尺度或视角下客观地揭示区域社会、经济和环境变化对土地生态的影响程度和差异。

(2) 评价单元的选择要在保证评价单元一致性、完整性的基础上,应有适宜的空间尺度。单元过大可能会掩盖小尺度上的详细信息,导致对细部数据的忽略,单元过小则又割裂了评价单元指标尺度的完整性而造成破碎,制约了土地生态管控措施的效果,需根据市级国土部门土地生态评价与调控管理需要和市域面积科学确定相应的评价单元。

(3) 土地生态质量评价模型的构建要能够客观反映评价指标的变异性、相关性及对土地生态质量的综合作用。

(4) 土地生态质量分级方法与标准要在质量评价的基础上,综合考虑土地生态质量评价结果的数理统计特征,科学界定土地生态质量变化的质变临界区间。

## 3.2 市域尺度土地生态质量评价单元确定和评价指标体系构建

### 3.2.1 不同空间尺度下常用评价单元

评价单元是土地生态质量评价的最小空间单位,也是土地生态质量评价的基础。有了评价单元,土地生态质量评价指标的获取才有统一的尺度,指标的差异及其量化才有可比照的范围,野外调查也就有了具体的工作区域。

评价单元应有适宜的空间尺度,目前,在土地生态评价中,不同尺度的土地生态评价采用的评价单元不一,但评价单元多为行政单元或一定尺度的栅格。以行政单位作为评价单元,单元内部经济社会现象、土地生态变化过程在一定尺度内具有同质性,且便于从统计资料中获取;以栅格为评价单元,则计算分析方便,在一定尺度上,栅格单元内部经济社会、土地生态变化等属性具有相似性,但统计资料不便于应用。因此,行政单元和一定尺度的栅格有各自较为适宜的应用范围,在省域、市域、县域上都有相应的应用模式。但以行政区为评价单元更有利于发挥国土部门的调控作用,重点对省域、市域、县域进行土地评价时,以行政区为单元作如下分析。

1) 省域尺度

省域尺度生态评价中评价单元多为省级、省辖市行政区。李玲(2014)对河南省的土地生态安全评价中以河南省18个省辖市为评价单元;杜忠潮和韩申山(2009)对陕西省的土地生态安全评价是以10个省辖市为评价单元。此外,其他相关学者对河北省、宁夏回族自治区、黑龙江省、湖南省等省区的土地生态安全评价也大多以省级行政区为评价单元(李玉平和蔡运龙,2007;李茜和任志远,2007;张小虎等,2009)。该类评价单元仅能对全省土地生态安全状况进行总体分析和研究,无法对省域土地生态安全空间分异进行分析,评价单元尺度过大。

2) 县域尺度

县域尺度土地评价单元多为乡镇行政区(董丽丽等,2014)、一定尺度的栅格(韩蕾等,2015;曾凡伟,2014;温月雷,2012;程伟等,2012;曲衍波等,2008;吴林等,2005)等。董丽丽等(2014)以乡镇行政区为评价单元,对江苏省沛县的土地生态质量进行了综合评价;曲衍波等(2008)对山东省栖霞市的土地生态安全评价以栅格为评价单元;韩蕾等(2015)对重庆市秀山县的土地生态安全评价以25m栅格为评价单元。

3) 市域尺度

目前,在市域尺度上开展的土地利用分区、土地质量、土地景观等评价研究,大多以县区为单元进行。温月雷(2012)以县域为评价单元,对湖北省岳阳市土地生态质量进行了评价,孙云鹏(2014)以县域为评价单元,对河北省唐山市生态质量进行了评价。以县区为评价单元,虽然保证了单元的一致性、完整性,但微观调控性和可操作性较差,不能有效地指导所辖县市国土部门进行生态建设、管控安排与部署。

### 3.2.2 面向土地生态管控的市域尺度评价单元确定

如前所述,地市级国土部门作为国家实现土地数量、质量、生态综合管控的关键环节,发挥着承上启下的重要作用,市域尺度土地生态质量评价对上能为国家、省市关于土地生态建设的宏观战略部署提供支撑,对下能为指导调控所辖县市区国土部门强化土地生态建设与管控工作提供决策依据。目前,在市域尺度上已有的评价单元存在以下不足。

(1) 以县区或乡镇为评价单元掩盖了小尺度上详细的数据信息,且局部信息又代替不了区域整体信息,不能满足土地生态精细化评价和管理的需要。

(2) 以一定尺度栅格为评价单元,破坏了行政区划和地理实体的完整性,如人口、GDP、景观指数等附注在行政单元整体上的属性会由于评价单元的分割而失去意义或者需要再计算;栅格单元过小时则又会造成结果破碎、可读性降低,同时栅格单元在某种程度上损失了对地理实体完整信息的表达,影响了土地生态质量结果的准确性,且不便于土地生态管控。

(3) 现有的评价单元大多未考虑地市级国土部门承上启下的作用,也没有考虑地市级国土部门既有宏观调控又有微观指导的特点。

综上所述,在分析行政村单元和栅格单元的优缺点及目前地市级评价单元选取中的不足和问题的基础上,结合对地理实体反映的敏感性、实际应用要求及对各类数据的空间叠置分析和计算,本书选择以行政村为评价单元,开展地市级土地生态评价研究,该评价单元既能体现土地的自然、结构、胁迫及效益等诸多因素的差异,又保证了评价单元指标尺度的完整性,同时满足了市级国土部门土地生态评价与调控管理的需要,也能够有效指挥所辖县市国土部门强化土地生态建设,并为其调控提供依据。

### 3.2.3　土地生态质量评价指标体系构建

如前所述,土地生态质量评价以生态系统的观点为基础,综合性地评价分析研究区域内土地资源的自然特性、社会经济发展状况及景观生态状况等因素,从而较为客观地揭示区域土地资源利用和生态状况对区域内社会、经济和环境可持续发展的影响程度和制约因素。评价指标体系的构建作为土地生态质量评价的关键环节,其合理与否将直接影响评价结果的科学性。因此,土地生态质量评价指标体系必须在充分认识土地生态评价特点和内涵的基础上,借鉴不同评价指标体系各自的优点并进行有机结合,同时充分考虑不同区域土地生态特点与问题,构建合理准确的土地生态评价指标体系,为科学开展土地生态质量评价、解决土地生态问题提供坚实的基础。

在现有的研究中,土地生态评价指标体系构建与评价目的紧密相关,目标不同则指标体系有较大差异。基于不同的评价目的,评价指标体系主要分为偏向于区域典型土地生态监测和模拟的指标体系、以土地自然特性为主的指标体系和以人为响应为主的指标体系。其中,基于野外实测数据,土地生态监测和模拟的指标数据的最小尺度为样点;土地自然特性为主的指标数据的最小尺度为栅格单元,其基于GIS和RS获取;以人为响应为主的指标数据的最小尺度为行政单元，其来源于统计数据，一般尺度到乡镇单元。根据上述评价指标体系差异，可将土地生态评价分为面向过程和面向管理两种类型。面向过程的土地生态评价，较注重土地自身的自然状况，而忽略了人文指标；面向管理的土地生态评价，由于受到数据来源的限制，不能全面反映土地本身的生态状况，较多地注重人类干扰对土地生态的影响，评价精度不高，无法应用于区域精细化管理。

因此，为了满足市域尺度土地生态质量评价对上要能为落实细化国家、省市关于土地生态建设的宏观战略部署提供支撑和对下要能为指导调控所辖县市区国土部门强化土地生态建设与管控工作提供决策依据的要求，市域尺度下土地生态质量评价指标体系构建需要综合考虑以下几个方面。

一是，要遵循评价指标信息的可获取性、差异性、综合性及稳定性等原则；二是，要从宏观尺度及一定的微观尺度上反映区域因自然-人类活动引起的土地生态变化过程与管理调控引起的土地生态响应过程；三是，要能够在市域尺度或视角下客观地揭示区域社会、经济和环境变化对土地生态的影响程度和差异；四是，土地生态质量评价指标选取既要有宏观性，又要有一定的微观性，还要满足市域尺度的可调控性。

综合对比省域尺度、县域及更小尺度下土地生态质量评价指标选取的特点，考虑市域尺度上指标选取的要求，本书将样点实测数据、土地利用斑块数据和行政单元尺度数据有效结合，依据土地生态学与土地管理学的基本原理，从反映土地生态系统本身的状态指标和对区域土地生态影响最直接的人为响应指标出发，从生态本底、生态结构、生态效益与生态胁迫4个方面，按准则层和指标层构建土地生态质量评价指标体系（表3-1）。

表3-1 土地生态质量评价指标体系表

| 准则层 | 元指标 |
| --- | --- |
| 生态本底指标 | 年均降水量 |
| | 生长季降水 |
| | 土壤质地 |
| | 土壤有机质含量 |
| | 有效土层厚度 |
| | 土壤碳密度 |
| | 土壤 pH |
| | 坡度 |
| | 高程 |
| | 植被覆盖度 |
| | 植被净初级第一生产力（NPP） |

续表

| 准则层 | 元指标 |
|---|---|
| 生态结构指标 | 类型多样性指数 |
| | 格局多样性指数 |
| | 斑块多样性指数 |
| | 生态连通性 |
| | 耕地比例 |
| | 林地比例 |
| | 草地比例 |
| | 水面比例 |
| | 不透水面丰度 |
| | 生态基础设施用地比例 |
| | 城乡建设用地比例 |
| | 林网密度 |
| 生态效益指标 | 生态服务价值 |
| | 人均粮食产量 |
| | 产量稳定性指数 |
| | 人均林草地面积 |
| 生态胁迫指标 | 土壤综合污染指数 |
| | 土地污染面积比例 |
| | 土壤盐碱化面积比例 |
| | 土壤盐碱化程度 |
| | 土地沙化面积比例 |
| | 土地沙化程度 |
| | 土壤侵蚀面积比例 |
| | 土壤侵蚀程度 |
| | 损毁土地面积比例 |
| | 土地损毁程度 |
| | 国内生产总值 |
| | 人口密度 |

1) 土地生态本底准则层

生态本底准则层指标从反映区域地形、土壤、气候、植被等土地自然生态背景角度进行选取。基于栅格或土地利用图斑,从微观尺度全面量化区域土地自然背景状况,一般包括基于离散点数据的年均降水量、生长季降水、土壤有机质含量、土壤碳密度、土壤pH;基于定量化图斑数据的有效土层厚度、土壤质地等;基于栅格数据的坡度、高程、植被覆盖度和植被净初级第一生产力(NPP)等。

2) 土地生态结构准则层

生态结构准则层指标从反映区域发展的城镇化、工业化进程中的人类活动对土地利用结构及其景观格局特征的影响角度进行选取。根据市域尺度实际从中观尺度量化土地利用现状及其格局、人类活动对土地利用与生态的影响,指标一般包括基于定量图斑数据的耕地比例、林地比例、草地比例、水面比例、生态基础设施用地比例、城乡建设用地比例、不透水面丰度、林网密度等;斑块-类型-景观尺度的类型多样性指数、格局多样性指数、斑块多样性指数和生态连通性等。

3) 土地生态胁迫准则层

生态胁迫准则层指标从土地利用中存在的生态问题及生态压力进行选取。通常从中观尺度量化人类对土地生态的影响,指标一般包括基于样点数据的土壤综合污染指数、土地污染面积比例、土壤盐碱化面积比例、土壤盐碱化程度、土壤沙化面积比例、土壤沙化程度、土壤侵蚀面积比例、土壤侵蚀程度、损毁土地面积比例、土地损毁程度等指标;基于统计数据的国内生产总值、人口密度等指标。

4) 土地生态效益准则层

生态效益准则层指标从反映所有土地价值、人均生态用地效益角度进行选取。从综合和宏观尺度,量化评价单元的土地生态系统经济价值、社会价值和生态价值一般包括基于定量化斑块的生态服务价值,基于统计数据的人均粮食产量、产量稳定性指数、人均林草地面积等指标。

## 3.3 主客观赋权结合的评价指标权重确定

### 3.3.1 常用赋权方法比较与分析

土地生态评价研究中,评价指标权重直接关系到最终评价结果的正确程度。目前,评价指标权重赋值的方法多样,通常包括主观赋权与客观赋权两大类。此外,有些学者尝试将组合赋权方法应用到土地生态评价中。常见的赋权数学分析法如下。

1) 主观赋权法

德尔菲法(Delphi method),该方法(于勇等,2006;李亮,2009)是一种客观的综合多数专家经验与主观判断的赋权方法。其具体步骤如下。

(1) 选择打分专家。其主要要求如下:①专家具有较高权威性;②专家代表应具有广泛性;③严肃进行专家推荐与审定;④人数要适当。

(2) 设计评估打分表。

(3)专家征询和轮间信息反馈,进行3~4轮专家意见征询。

第一轮:向专家征询土地生态安全的因素。

第二轮:对征询到的因素进行评估。

第三轮:计算第二轮评估结果的均值与方差,开展轮间反馈以再征询。

第四轮:同第三轮,最后得到最终结果,并写出测定结果。

层次分析法(AHP),该方法是一种由定性与定量相结合的决策分析法,这种方法是将复杂问题划分为若干层次和若干因素,通过各因素之间的比较和计算,得出不同方案的权重。

层次分析法的基本原理是把所要研究系统中的多个因素划分为因素间相互联系的有序层次;通过专家客观判断每一层次各因素,并给出定量化的重要性等级;通过建立数学模型,计算并排序各层次因素的相对重要性权数;根据结果进行决策和选择。其具体步骤如下。

(1)明确问题。

(2)建立层次结构,如图3-1所示。

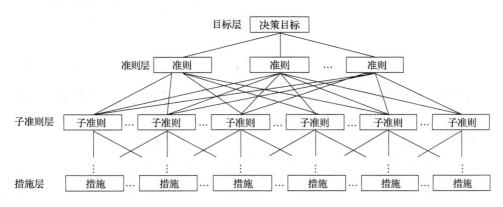

图3-1 AHP决策分析层次结构示意图

(3)构造判断矩阵。该步骤是层次分析法的关键,主要根据数据资料、专家意见和分析者的综合判断进行平衡,一般在各指标间两两重要性比较判断之后进行计算。

(4)层次单排序。确定与本层次有联系的上一层次的元素重要性次序的权重值。对于判断矩阵$B$,需满足$B \cdot W = \lambda_{max} W_i$,式中,$\lambda_{max}$为判断矩阵$B$的最大特征根;$W$为对应于$\lambda_{max}$的正规化特征向量;$W_i$为$W$的分量,是对应元素单排序的权重值。

(5)层次总排序。运用同一层次单排序的结果,计算针对上一层次而言的本层次元素的重要性权重值,层次总排序见表3-2。

表 3-2　层次总排序表

| 层次 B | 层次 A | $A_1$ | $A_2$ | … | $A_m$ | B 层次的总排序 |
|---|---|---|---|---|---|---|
| | | $a_1$ | $a_2$ | … | $a_m$ | |
| $B_1$ | | $b_1^1$ | $b_1^2$ | … | $b_1^m$ | $\sum_{j=1}^{m} a_j b_1^j$ |
| $B_2$ | | $b_2^1$ | $b_2^2$ | … | $b_2^m$ | $\sum_{j=1}^{m} a_j b_2^j$ |
| … | | … | … | … | … | … |
| $B_n$ | | $b_n^1$ | $b_n^2$ | … | $b_n^m$ | $\sum_{j=1}^{m} a_j b_n^j$ |

(6) 一致性检验。为了检验评价层次总排序计算结果的一致性，需进行一致性检验。其公式为

$$CI = \sum_{j=1}^{m} a_j CI_j \tag{3-1}$$

$$RI = \sum_{j=1}^{m} a_j RI_j \tag{3-2}$$

$$CR = \frac{CI}{RI} \tag{3-3}$$

式中，CI 为一致性指标；$CI_j$ 为与 $a_j$ 相对应的 B 层次中判断矩阵的一致性指标；RI 为随机一致性指标；$RI_j$ 为与 $a_j$ 对应的 B 层次中判断矩阵的随机一致性指标；CR 为随机一致性比例。

2) 客观赋权法

因子分析法，该方法是把原来多个变量化为少数几个综合指标的一种统计分析方法，是通过研究几个原始变量的线性组合来解释多变量的方差-协方差的结构。其具体步骤如下：

(1) 对指标值进行标准化处理，得到标准化矩阵 $X$：

$$X = (x_{ij})_{mn} \tag{3-4}$$

(2) 计算相关系数矩阵 $R$：

$$R = (r_{ij})_{mn} \tag{3-5}$$

(3) 计算相关矩阵的特征值与特征向量。

(4) 计算主成分贡献率及累计贡献率。

(5) 计算主成分载荷。

(6) 采用方差极大旋转对因子进行旋转。

(7) 根据因子得分系数和方差贡献率,计算各评价指标的权系数,$\beta_j = A_{1j}F_1 + A_{2j}F_2 + \cdots$($A_{ij}$ 表示第 $i$ 个主因子对第 $j$ 项指标的得分系数;$F_i$ 表示第 $i$ 个主因子的特征值)。

(8) 对各指标的权系数再进行标准化处理,得到各指标的权重 $W_j$:

$$W_j = \frac{\beta_j}{\sum_{j=1}^{n}\beta_j} \tag{3-6}$$

熵权法,熵(entropy)是由德国物理学家克劳修斯于 1850 年创立的,熵主要体现一种能量在空间分布的均匀程度,分布得越均匀,则熵就越大。信息熵是由 Shannon 于 1948 年引入到信息论中的,用于表示信息源中信号的不确定性(王清源和潘旭海,2011)。熵在信息论中可以用来度量系统的无序程度,也可以用来度量数据的信息量,因此熵可以用来确定权重值。若评价指标值的差距较大,其可提供较大的信息量,则该指标的熵值就会较小,权重值就较大;反之,若评价指标有较小的有效信息量,则该指标的权重值较小;若某一个评价指标的值完全一样,熵值也就最大,即该指标没有有效信息量,可以将其从评价指标体系里剔除(曾凡伟,2014)。因此,在实际应用中,可以依据评价指标值的差异程度,采用熵值法计算指标的熵权。其具体步骤如下(李萍等,2007)。

(1) 对原始数据进行标准化处理,得到标准化矩阵 $X$:

$$X = (x_{ij})_{mn} \tag{3-7}$$

(2) 计算第 $i$ 个评价单元的第 $j$ 项评价指标的比重 $f_{ij}$:

$$f_{ij} = \frac{x_{ij}}{\sum_{i=1}^{m}x_{ij}} \tag{3-8}$$

(3) 计算第 $j$ 项指标的熵 $H_j$:

$$H_j = -k\sum_{i=1}^{m}f_{ij}\ln f_{ij} \tag{3-9}$$

式中,$k = 1/\ln m$。

(4) 计算第 $j$ 项指标的熵权 $W_j$:

$$W_j = \frac{1-H_j}{n-\sum_{j=1}^{n}H_j} \tag{3-10}$$

式中,$0 \leqslant W_j \leqslant 1, \sum_{j=1}^{n}W_j = 1$。

变异系数(又称离散系数)法,反映单位均值上的离散程度。如果评价指标值能明确区分各个评价对象,则该指标具有较强的分辨信息的能力。为提高综合评价的区分度,可根据各指标的变异信息量进行赋权(李晓倩,2012)。如果指标的变异程度较大,则说明可以明确区分各评价对象,相应地,赋予的权重较大,反之,应赋予的权重较小。其具体步骤如下。

(1) 对原始数据进行标准化处理,得到标准化矩阵 $X$:

$$X = (x_{ij})_{mn} \tag{3-11}$$

(2) 计算第 $j$ 项评价指标的均方差 $\sigma_j$:

$$\sigma_j = \sqrt{\frac{1}{m}\sum_{i=1}^{m}(x_{ij}-\overline{x_j})^2} \tag{3-12}$$

(3) 计算第 $j$ 项指标的变异系数 $\delta_j$:

$$\delta_j = \frac{\sigma_j}{|\overline{x_j}|} \tag{3-13}$$

式中,$\overline{x_j}$ 为第 $j$ 项指标值的均值,$\overline{x_j} = \frac{1}{m}\sum_{i=1}^{m}x_{ij}$。

(4) 计算第 $j$ 项指标的权重 $W_j$:

$$W_j = \frac{\delta_j}{\sum_{j=1}^{n}\delta_j} \tag{3-14}$$

灰色关联度法,该方法是建立在灰色系统理论基础上的一种评价方法(倪绍祥,2009),其通过因素间的差异程度来度量因素间的接近程度。关联度反映了评价对象对于理想对象的接近次序,如果评价指标与目标较接近,则该指标的关联度就较大,评价对象为最优。因此,根据关联度对评价对象进行排序,可得到各评价指标的权重。灰色关联度法的计算步骤如下。

(1) 确定参考数列和比较数列(参考数列为反映系统行为特征的数据序列,比较数列为影响系统行为的因素组成的数据序列)。

(2) 对原始值进行标准化处理,得到标准化矩阵 $X$:

$$X = (x_{ij})_{mn} \tag{3-15}$$

(3) 计算关联系数 $\zeta_{ij}$:

$$\xi_{ij} = \frac{\min\limits_{1\leqslant j\leqslant n}\min\limits_{1\leqslant i\leqslant m}|x_{i0}-x_{ij}|+\rho\max\limits_{1\leqslant j\leqslant n}\max\limits_{1\leqslant i\leqslant m}|x_{i0}-x_{ij}|}{|x_{i0}-x_{ij}|+\rho\max\limits_{1\leqslant j\leqslant n}\max\limits_{1\leqslant i\leqslant m}|x_{i0}-x_{ij}|} \tag{3-16}$$

式中,$\xi_{ij}$ 为关联系数;$\rho$ 为分辨系数,$\rho \in (0,1)$,$\rho$ 越小,分辨力越大,通常 $\rho=0.5$。

(4) 计算关联度 $r_j$：

$$r_j = \frac{1}{m}\sum_{i=1}^{m}\xi_{ij} \tag{3-17}$$

(5) 根据关联度计算各评价指标的权重 $W_j$：

$$W_j = \frac{r_j}{\sum_{j=1}^{n}r_j} \tag{3-18}$$

均方差决策法(王明涛,1998)，该方法是将各评价指标作为随机变量，其取值是评价指标的标准化值。根据标准化值计算随机变量的均方差，然后再将均方差进行标准化处理，得到指标的权重。其具体步骤如下。

(1) 对数据进行标准化处理，得到标准化矩阵 $X$：

$$X = (x_{ij})_{mn} \tag{3-19}$$

(2) 计算随机变量均方差 $\sigma_j$：

$$\sigma_j = \sqrt{\frac{1}{m}\sum_{i=1}^{m}(x_{ij} - \overline{x_j})^2} \tag{3-20}$$

式中，$\overline{x_j}$ 为第 $j$ 项指标值的均值，$\overline{x_j} = \frac{1}{m}\sum_{i=1}^{m}x_{ij}$。

(3) 将均方差进行归一化处理，得到权重 $W_j$：

$$W_j = \frac{\sigma_j}{\sum_{j=1}^{n}\sigma_j} \tag{3-21}$$

离差最大化法，该方法是针对评价指标对评价对象起较大作用，则该指标应有较大的权系数而言的，其排除了因评价指标对评价对象无差别而导致对评价对象不起作用的指标。其计算步骤如下。

(1) 对数据进行标准化处理，得到标准化矩阵 $X$：

$$X = (x_{ij})_{mn} \tag{3-22}$$

(2) 用 $V_{ij}$ 表示某一评价对象所有对象之间的离差，$V_{ij} = \sum_{i=1}^{m}|x_{ij}w_j - x_{Ij}w_j|$，则定义 $V_j = \sum_{i=1}^{m}V_{ij} = \sum_{i=1}^{m}\sum_{I=1}^{m}|r_{ij} - r_{Ij}|w_j$，$V_j$ 表示对于第 $j$ 项指标的所有评价对象与其他评价对象的离差和。根据离差最大化思想，求解如下最优模型，即求解权重向量：

$$\begin{cases} \max V(w) = \sum_{j=1}^{n}\sum_{i=1}^{m}\sum_{I=1}^{m}|r_{ij}-r_{Ij}|w_j \\ \text{s.t.} \quad w_j \geqslant 0 \quad j \in N \quad \sum_{j=1}^{n}w_j^2 = 1 \end{cases} \quad (3\text{-}23)$$

求解式(3-23)并进行归一化处理,得到权重 $W_j$:

$$W_j = \frac{\sum_{i=1}^{m}\sum_{I=1}^{m}|r_{ij}-r_{Ij}|}{\sum_{j=1}^{n}\sum_{i=1}^{m}\sum_{I=1}^{m}|r_{ij}-r_{Ij}|}, \quad j \in N \quad (3\text{-}24)$$

3) 赋权方法比较与分析

总体而言,主客观赋权方法各有优缺点(表3-3)。主观赋权法相对简单,较依赖于打分者的专业知识和主观判断,具有较强的主观性,其中德尔菲法是应用较为广泛的赋权方法;客观赋权法是在原始数据的基础上,从样本中提取信息,能反映评价指标客观真实的重要程度,其中熵权法是研究较多的一种方法,效果较好。因此,为合理科学确定评价指标的权重,需要在借鉴二者优点的基础上,对权重计算方法进行改进。

表3-3 常见赋权方法比较表

| 类别 | 赋权方法 | 优点 | 缺点 |
| --- | --- | --- | --- |
| 主观赋权法 | 德尔菲法 | 专家匿名发表意见,多次反馈和统计 | 主观性强,受专家人数限制,结果不够客观 |
| | 层次分析法 | 利用较少的定量信息,使决策更加数学化 | 有一定主观性 |
| | 经验估值法 | 实践得来,具有较强的实际意义 | 具有偶然性、特殊性,不够科学 |
| 客观赋权法 | 熵权法 | 可以判断熵值的离散程度 | 不易操作 |
| | 因子分析法 | 快速找出影响力最大的因子 | 可能忽略某些信息 |
| | 主成分分析法 | 过滤重叠信息,简化指标数量 | 可能忽略某些信息 |
| | 变异系数法 | 容易操作,结果客观 | 评价指标对于评价目标的意义比较模糊,重视不够 |
| | 灰色关联度法 | 根据指标间的关系确定相对重要性,便于横向比较 | 忽略了某些绝对信息 |

### 3.3.2 主客观组合赋权

在土地生态质量评价中,指标权重的确定既要充分考虑区域指标数据本身的变异性和相关性,又要结合区域土地生态特点并顾及影响区域生态的关键因子,因此本书中采用最优组合赋权法来确定土地生态质量评价指标的权重,组合赋权法是将主观赋权与客观赋权相结合使用确定权重的方法(郭爱请和葛京凤,2006;宋戈和张文雅,2008;蒋慧峰和朱文杰,2007),既避免了单一采用主观赋权法或客观赋权法的局限性,又兼顾了两者的优点。

目前,有学者将熵权法与层次分析法结合使用,但德尔菲法与熵权法结合赋权的研究较少。研究采用德尔菲法与熵权法结合方式进行权重计算。其中,德尔菲法充分征询了领域专家及对研究区比较熟悉的专家意见来确定权重,其确定的权重充分反映了区域土地生态的重要因子;熵权法是根据指标的相对变化程度对系统整体的影响来确定指标的权重,这与土地生态质量变化的机理相似,影响土地生态质量的主要因素也是其中变化程度较大的因素。将主观赋权法(德尔菲法)与客观赋权法(熵权法)确定的权重按照组合赋权法进行综合计算,更好地、客观地反映土地生态质量各个评价指标的权重。

1) 德尔菲法确定指标权重

遴选土地生态相关领域的专家,进行第一轮土地生态质量评价指标权重打分与反馈,专家通过背靠背的方式对各个层次土地生态质量评价指标进行赋值,分别计算土地生态质量评价目标层、准则层和指标层专家赋值的平均值和方差,计算公式如下:

$$U = \frac{1}{n}\sum_{i=1}^{n} a_i \tag{3-25}$$

$$\delta = \frac{1}{n-1}\sum_{i=1}^{n}(a_i - U)^2 \tag{3-26}$$

式中,$U$ 为指标权重的均值;$n$ 为专家的人数;$a_i$ 为第 $i$ 位专家的赋值;$\delta$ 为各个指标权重的方差。

将第一轮专家对土地生态质量评价目标层、准则层和指标层赋值的平均值和方差反馈给专家,请专家根据趋向和离散度进行第二轮打分,然后计算平均值和方差,并对两轮打分的方差进行显著性检验。如果两轮方差检验存在显著差异,需要按照上述方法进行第三轮打分,直至专家打分的方差检验没有显著性差异,通常 3~4 轮的专家打分即可满足要求。

计算专家对土地生态质量评价指标打分结果的均值与方差,确定土地生态质量评价指标权重的向量为

$$U = (U_1, U_2, \cdots, U_i)^{\mathrm{T}} \tag{3-27}$$

2) 熵权法确定指标权重

根据土地生态质量评价指标体系中的各个指标分别计算其比重、熵等,从而确定土地生态质量评价指标的权重,其指标权重向量为

$$V = (V_1, V_2, \cdots, V_i)^{\mathrm{T}} \tag{3-28}$$

3) 最优组合赋权确定指标权重

假设最优组合系数为

$$W_i = (W_{i1}, W_{i2}, \cdots, W_{ij})^{\mathrm{T}} \tag{3-29}$$

令

$$W_i = \alpha U + \beta V \tag{3-30}$$

式中，$\alpha$、$\beta$ 为组合赋权系数向量的线性表示系数，简称组合系数，$\alpha$、$\beta \geqslant 0$，并且满足约束条件 $\alpha^2 + \beta^2 = 1$。

## 3.4 市域尺度土地生态质量评价模型构建

土地生态质量评价的关键是评价模型是否正确合理，这也是土地生态评价的难点。土地生态评价与 GIS、RS、统计学，以及景观生态学等学科交叉结合，但不同的评价方法对评价结果的内涵与实质不同。因此，评价方法的选取应综合考虑研究区域的范围、时间和尺度级别等特征，只有这样才能保证土地生态评价结果科学合理。

目前，土地生态质量评价数学模型主要有综合指数法、神经网络法、主成分分析法、灰色关联分析法等，上述模型对土地生态质量评价数据、数据分布及土地生态质量评价指标都有一定的要求和限制。因此，本书引入理想点模型并将其应用于市域土地生态质量评价中。

理想点模型是一种根据距离来评价的方法，对数据分布、样本含量指标多少均无严格限制，既适用于小样本资料，也适用于多个评价单元、多指标的大系统资料，既可用于横向（多单位之间）对比，也可用于纵向（不同年度）分析，具有真实、直观、可靠的优点。近年来，该模型已被用于土地生态安全评价、环境质量测评、环境治理方案优选等工作，并取得较好的效果。本书在明确指标标准化方法的基础上，研究并构建基于理想点的土地生态质量评价模型。

### 3.4.1 理想点模型基本原理

理想点法又称 TOPSIS（technique for order preference by similarity to ideal solution）法，是一种多目标决策的分析方法，即通过设计各评价指标的正理想解和负理想解，构建评价指标与正理想解、负理想解间距离的二维空间数据，计算每个评价单元对理想解的相对接近度指数，评价单元相对接近度指数越大，则该评价单元的土地生态质量越优（鲁春阳等，2011；陈强和杨晓华，2007）。其具体计算步骤如下。

(1) 构建规范化决策矩阵 $X$：设有 $m$ 个评价单元，$n$ 个评价指标，由原始数据组成多属性决策矩阵 $X$。

(2) 确定正理想解和负理想解。

(3) 分别计算土地生态质量不同单元的评价向量到正理想解和负理想解的距离。

### 3.4.2 基于理想点模型的土地生态质量评价计算步骤与改进

如前所述，理想点法不受样本多少与大小的限制，既可纵向比较也可横向比较，其应用较广泛。传统理想点模型主要应用于多目标决策领域，将模型应用于市域土地生态质量评价时，因土地生态质量评价指标体系包括生态本底、生态结构、生态胁迫和生态效益 4 个准则层下的若干指标，指标众多，容易造成各指标层基础权重值接近于零，若直接利用指标层指标乘以其基础权重构建加权规范化决策矩阵，会造成加权规范化决策矩阵元素的变异较小，从而造成正负理想解结果求算产生较大的相对误差，进一步导致到正理想解的距离 $D^+$ 与到负理想解的距离 $D^-$ 较为接近，使得最终求得的相对接近度指数变异较小且相对误差较大，无法正确进行土地生态质量分级，评价结果存在较大偏差。因而，传统理想点模型在土地生态质量评价应用时存在模型的适宜性问题，需要对模型进行改进。

基于传统理想点模型的缺点，对理想点模型做以下改进（谢高地等，2003）：①充分考虑指标特点，采用极差标准化、极值标准化和区间标准化方法对指标数据进行标准化处理；②采用最优组合赋权法，确定土地生态质量评价指标的权重，并由此构建加权规范化决策矩阵；③为使各个指标数据与评价标准的对比更加分明、评价的分级更加明确，采用虚拟理想解代替理想点模型中的负理想解，其中虚拟最劣解取值反向延长 2 倍。

改进的理想点模型的具体计算步骤如下。

1) 评价指标数据标准化处理

由于不同的评价指标单位不同，不具有直接可比性，需要对评价指标的属性值进行标准化。土地生态质量指标值与土地生态质量指数的关系有 3 种情况：①呈现正向关系，即指标值越大，土地生态质量越好；②呈现负向关系，即指标值越大，土地生态质量越差；③呈区间型关系，在某一值域范围内，其对土地生态质量的影响相同。本书根据指标对土地生态质量影响的关系，分别采用极差标准化、极值标准化和区间标准化的方法进行相应指标的标准化处理。

(1) 呈正向关系的指标标准化处理采用极差标准化和极值标准化进行，公式分别为式(3-31)、式(3-32)：

$$y_{ij} = \frac{x_{ij} - \min(x_j)}{\max(x_j) - \min(x_j)} \tag{3-31}$$

$$y_{ij} = \frac{x_{ij}}{\max(x_j)} \tag{3-32}$$

（2）呈负向关系的指标标准化处理采用极差标准化和极值标准化进行，公式分别为式(3-33)、式(3-34)：

$$y_{ij} = \frac{\max(x_j) - x_{ij}}{\max(x_j) - \min(x_j)} \tag{3-33}$$

$$y_{ij} = \frac{\min(x_j)}{x_{ij}} \tag{3-34}$$

式中，$y_{ij}$ 为标准化值；$x_{ij}$ 为评价因子的实际值；$\max(x_j)$、$\min(x_j)$ 为第 $j$ 项评价因子的最大值与最小值。

（3）区间标准化分为两种情况。一种情况是该因素指标有一定适度值，若与该适度值范围相符合，土地生态最优，大于或小于该适度值或范围，土地生态质量均由优向劣方向发展，对该类指标可采用隶属函数进行标准化处理。另一种情况是该因素指标值在某区间内对土地生态影响程度相同，对此类指标可采用按区间赋分值的方法进行标准化。

2）构建规范化决策矩阵（$R$）

根据土地生态质量各个评价指标标准化后的数据建立加权的规范化决策矩阵：

$$R = \begin{vmatrix} r_{11} & r_{12} & \cdots & r_{1n} \\ r_{21} & r_{22} & \cdots & r_{2n} \\ \vdots & \vdots & & \vdots \\ r_{m1} & r_{m2} & \cdots & r_{mn} \end{vmatrix} \tag{3-35}$$

式中，$r_{ij}$ 为第 $i$ 个评价单元的第 $j$ 项经过指标加权计算获得的准则层值，$i=1,2,\cdots,m$，$j=1,2,3,4$。

3）加权规范化决策矩阵（$V$）

根据构建的规范化决策矩阵（$R$），以及确定的各指标权重建立加权的规范化决策矩阵 $V$：

$$V = \begin{vmatrix} v_{11} & v_{12} & \cdots & v_{1n} \\ v_{21} & v_{22} & \cdots & v_{2n} \\ \vdots & \vdots & & \vdots \\ v_{m1} & v_{m2} & \cdots & v_{mn} \end{vmatrix} \tag{3-36}$$

式中，$v_{ij} = r_{ij}w_j$，为第 $i$ 个评价单元的第 $j$ 项准则层值与准则层权重相乘后得到的加权值，$i=1,2,\cdots,m$，$j=1,2,3,4$。

4) 确定正理想解($Z^+$)、负理想解($Z^-$)、虚拟最劣解($Z^*$)

正理想解($Z^+$)：

$$Z^+ = \{\max Z_{ij} \mid i = 1, 2, \cdots, n\} = \{Z_1^+, Z_2^+, \cdots, Z_n^+\} \tag{3-37}$$

负理想解($Z^-$)：

$$Z^- = \{\min Z_{ij} \mid i = 1, 2, \cdots, n\} = \{Z_1^-, Z_2^-, \cdots, Z_n^-\} \tag{3-38}$$

虚拟最劣解($Z^*$)：

$$Z^* = \{3Z_1^- - 2Z_1^+, 3Z_2^- - 2Z_2^+, \cdots, 3Z_n^- - 2Z_n^+\} = \{Z_1^*, Z_2^*, \cdots, Z_n^*\} \tag{3-39}$$

5) 计算距离

分别计算土地生态质量不同单元的评价向量到正理想解的距离($Z^+$)和虚拟最劣解的距离($Z^*$)。

到正理想解($Z^+$)的距离为

$$D^+ = \sqrt{\sum_{j=1}^{m}(V_{ij} - Z_j^+)^2} \quad (i = 1, 2, \cdots, n) \tag{3-40}$$

到虚拟最劣解($Z^*$)的距离为

$$D^* = \sqrt{\sum_{j=1}^{m}(V_{ij} - Z^*)^2} \quad (i = 1, 2, \cdots, n) \tag{3-41}$$

6) 计算土地生态质量各评价单元对理想解的相对接近度指数 $C_i$

$$C_i = \frac{D^*}{D^+ + D^*} \tag{3-42}$$

土地生态质量各评价单元对理想解的相对接近度指数 $C_i$ 为 0～1，$C_i$ 值越大，说明第 $i$ 个土地生态质量评价单元的土地生态质量水平越高，越接近于最优水平。

通过对理想点模型的改进，使各土地评价单元准则层指标信息的变异能够准确的保留，从而得到能正确反映评价单元之间差异的正负理想解，充分体现了土地生态质量评价中生态本底、生态结构、生态胁迫和生态效益 4 个方面的综合影响，实现了评价单元土地生态质量差异性的科学评价。

### 3.4.3 基于自然断点法的土地生态质量分级

判断土地生态质量的等级是一种相对概念，不存在绝对的生态质量优或差及其判断标准。因此，对土地生态质量的综合评价和分级，应该侧重分析土地生态质量等级在区域分布格局的差异，尽可能保证分析结果的客观性。

常用的划分等级的方法主要有自然断点分级法、等间距分级法及自定义间距分级法等,这些方法各有特点及其适用条件。

自然断点分级法基于统计数列存在的一些自然转折点、特征点,可以把研究对象分成性质相似的群组,因此断点本身就是分级的良好界线。该方法以各级别中的变异综合达到最小、各个级别之间的差异最大化为原则来选择分级断点。

该方法主要适用于非均匀的属性值分级,同时能兼顾区域土地生态质量评价值的数理统计获取的数学特征,因此本书基于 GIS 空间分析方法,采用自然断点分级法,以区域土地生态质量综合评价值数理统计的自然转折点特征为依据,将土地生态质量评价值从低到高按照差、一般、中等、良、优 5 个等级进行分级。

## 3.5 本章小结

本章对土地生态质量评价中指标体系构建、评价单元确定、评价指标权重计算、评价模型构建和质量分级 5 个方面进行了研究。通过研究,构建了包括土地生态本底因子、结构因子、胁迫因子和效益因子 4 个准则层适用于市域尺度的土地生态质量评价指标体系;确定了市域尺度下以行政村为评价单元较为适宜;提出了德尔菲法与熵权法相结合赋权的评价指标权重计算方法;通过对理想点模型进行改进,构建了市域尺度的土地生态质量评价模型;建立了基于自然断点法的土地生态质量分级方法。最终形成了涵盖指标体系构建、评价单元选取、评价指标权重计算、评价模型和土地生态质量分级 5 个方面的市域尺度土地生态质量评价方法体系。

# 第4章 研究区土地生态质量评价及其特征分析

## 4.1 研究区土地生态质量评价指标体系及其处理

基于第 3 章研究的市域尺度对土地生态质量评价指标体系构建的要求,结合焦作市市域土地生态问题和实际研究,建立适合焦作市的土地生态质量评价指标体系,对土地生态质量评价指标数据进行标准化处理,对全市土地生态质量特征进行评价,分析探讨焦作市市域土地生态质量状况及其空间分布特征。

### 4.1.1 研究区土地生态质量评价指标体系确定

在遵循可获取性、差异性、综合性及稳定性等原则的基础上,以第 3 章建立的评价指标体系为依据,结合焦作市自然地理、土地利用与生态状况等特点,对评价指标进行了筛选,对不适宜焦作市市域情况及无差异的相关指标,如土壤质地、pH、草地比例、不透水丰度、土壤盐碱化等进行了剔除,最终构建了包括生态本底、生态结构、生态效益与生态胁迫 4 个准则层和 22 个元指标在内的评价指标体系(表 4-1)。

表 4-1 土地生态质量评价指标体系表

| 准则层 | 元指标 |
| --- | --- |
| 生态本底指标 | 年均降水量 |
| | 土壤有机质含量 |
| | 有效土层厚度 |
| | 坡度 |
| | 高程 |
| | 植被覆盖度 |
| | 植被净初级第一生产力(NPP) |
| 生态结构指标 | 类型多样性指数 |
| | 格局多样性指数 |
| | 斑块多样性指数 |
| | 生态连通性 |
| | 耕地比例 |
| | 林地比例 |

续表

| 准则层 | 元指标 |
|---|---|
| 生态结构指标 | 水面比例 |
| | 生态基础设施用地比例 |
| | 城乡建设用地比例 |
| | 林网密度 |
| 生态效益指标 | 生态服务价值 |
| 生态胁迫指标 | 土壤综合污染指数 |
| | 土地污染面积比例 |
| | 损毁土地面积比例 |
| | 人口密度 |

## 4.1.2 评价指标数据来源及其处理

1. 生态本底指标

1) 年均降水量

年均降水量根据2011~2013年气象部门降水资料,采用克里格法插值得到区域年均降水量栅格分布数据,以村级行政区内栅格的平均值作为评价单元的年均降水量指标。

从整体来看,受地形、地貌等因素影响,焦作市年均降水量自东北向西南方向降水量呈逐渐递增趋势(图4-1),年平均降水量为536.43mm。其中,南部降水量较多,温县南部降水量大于592mm;焦作市东北部修武县方庄镇、岸上乡、西村乡北部,博爱县寨豁乡北部降水量较少,大约为560mm;其余区域年均降水量为576~592mm。受季风气候影响,焦作市降水量季节分配不平衡,夏季降水量最多,冬季最少。

2) 土壤有机质含量

焦作市土壤有机质含量(0~20cm)以全市基础地力调查数据中的土壤样点数据和外业调查土壤样点数据为依据,运用插值法计算全市土壤有机质含量栅格分布数据,以村级行政区内栅格平均值为评价单元的土壤有机质含量指标。

经分析,焦作市土壤有机质含量分布存在较大差异,有机质含量为0~42g/kg,北部山区裸岩区域土壤有机质最低,为0~5.5g/kg;而山区森林地区、山前平原区及市域西部地区最高,为9~42g/kg;其他区域为5.5~9g/kg(图4-2)。

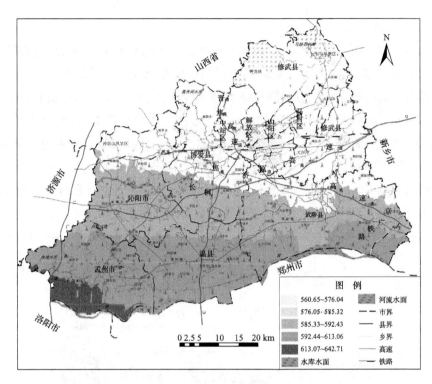

图 4-1 焦作市年均降水量图(mm)

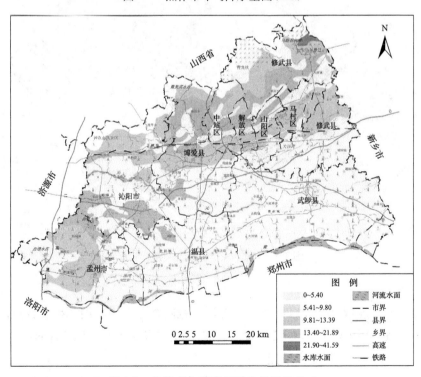

图 4-2 焦作市土壤有机质含量图(g/kg)

3) 有效土层厚度

焦作市有效土层数据以全市基础地力调查数据中的有效土层厚度矢量图斑为数据源，运用 ArcGIS 软件，按不同土层厚度图斑面积比重统计至村级行政区。

通过分析，焦作市有效土层较厚，绝大部分区域在 101cm 以上，但也有较大的空间差异，北部山区与孟州市土层厚度相对较薄。其中，修武县岸上乡、西村乡、方庄镇北部，中站区，博爱县寨豁乡、月山镇北部，沁阳市常平乡、西向镇北部、西万镇北部、紫陵镇北部土层厚度较薄，小于 64cm；孟州市、马村区有效土层厚度为 64～101cm；沁阳市紫陵镇南部、西向镇南部、西万镇南部、城关乡，博爱县除寨豁乡与月山镇的北部等区域有效土层厚度为 101～136cm 外，其余乡镇区域有效土层厚度大于 136cm（图 4-3）。

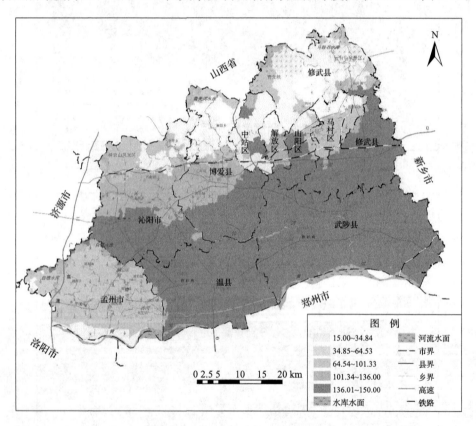

图 4-3 焦作市有效土层厚度图（cm）

4) 坡度

评价单元坡度数据计算以中国科学院计算机网络信息中心国际科学数据镜像网站下载的 30m 分辨率 ASTER GDEM 数字高程数据产品为基础，运用 ArcGIS 提取坡度数据，并统计平均值至行政村单元。

经分析，受地形影响，焦作市坡度差异明显，北部山区坡度较大，其余地区坡度较小。其中,修武县岸上乡、西村乡、方庄镇西部与北部,中站区北部,博爱县寨豁乡、月山镇北部,沁阳市常平乡、西向镇北部、紫陵镇北部等部分区域坡度值均大于16°;修武县(除西村乡、岸上乡、方庄镇西部与北部外)其余乡镇,孟州市槐树乡,沁阳市崇义镇、王曲乡、西向镇南部等区域坡度次之,介于5°～16°;其余区域坡度较小,小于5°(图4-4)。

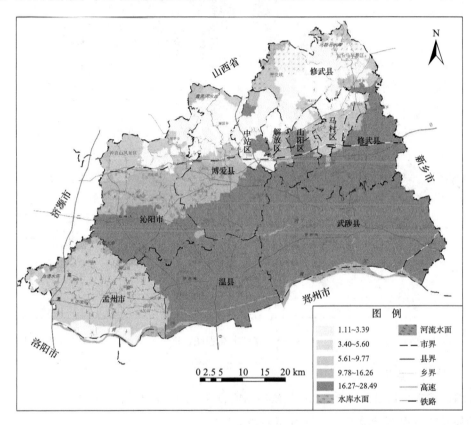

图4-4 焦作市坡度图(°)

5) 高程

评价单元的高程数据计算以中国科学院计算机网络信息中心国际科学数据镜像网站下载的30m分辨率ASTER GDEM数字高程数据产品为数据源,并统计平均值至村级行政村单元。

焦作市高程分布特征与其坡度分布特征基本一致,整体呈现出北部高、南部低的趋势。其中,修武县岸上乡、西村乡,中站区北部,博爱县寨豁乡北部,沁阳市西向镇北部、紫陵镇北部海拔较高,大于356m;博爱县寨豁乡南部,沁阳市常平乡海拔为178～356m;中站区上白作乡,博爱县月山镇北部,马村区北部,孟州市槐树乡、赵和镇西部等区域的海拔为105～178m;其余区域海拔较低,小于105m(图4-5)。

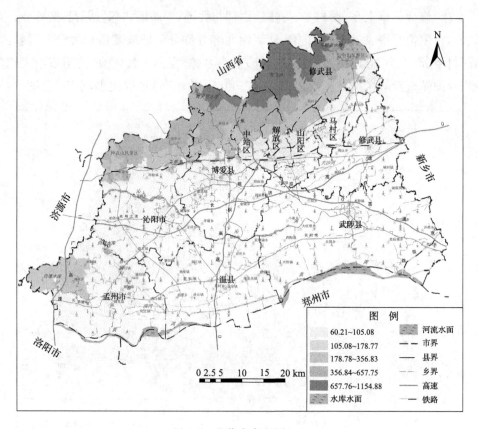

图 4-5 焦作市高程图(m)

6）植被覆盖度

植被覆盖度以 2013 年 250m 分辨率 MODIS NDIV 产品 MOD12Q1 数据为基础，采用像元二分模型计算获取。计算模型如下：

$$VFC = \frac{NDVI - NDVI_{min}}{NDVI_{max} - NDVI_{min}} \tag{4-1}$$

式中，VFC 为植被覆盖度；$NDVI_{min}$、$NDVI_{max}$ 分别为 NDVI 的最小值、最大值。

MODIS NDVI 使用 MYD13Q1（16 天合成的归一化植被指数和增强型植被指数），研究采用归一化植被指数 NDVI。区域 NDVI 旬产品采用最大值合成法计算获得月 NDVI 值，然后取一年的 NDVI 平均值作为 2013 年焦作市的 NDVI 值，计算公式为

$$NDVI_i = \max(NDVI_{ij}) \tag{4-2}$$

$$\overline{NDVI} = \frac{1}{12}\sum_{i=1}^{12} NDVI_i \tag{4-3}$$

式中，$NDVI_i$ 为第 $i$ 月的 NDVI 值；$NDVI_{ij}$ 为第 $i$ 月第 $j$ 旬的 NDVI 值；$\overline{NDVI}$ 为 NDVI

的平均值。

经分析,空间分布不均衡,差异较明显,整体呈现出中部低、北部与南部高的趋势。其中,中心城区马村区、解放区、山阳区、中站区建成区部分及各县建成区植被覆盖度较低,小于 0.49;修武县方庄镇,马村区与中站区其他区域,博爱县柏山镇、月山镇、许良镇,沁阳市西万镇、常平乡南部,温县南部,孟州市城关镇植被覆盖度为 0.41~0.49;修武县西村乡中北部植被覆盖度最高,大于 0.66;其余区域植被覆盖度值为 0.5~0.66(图 4-6)。

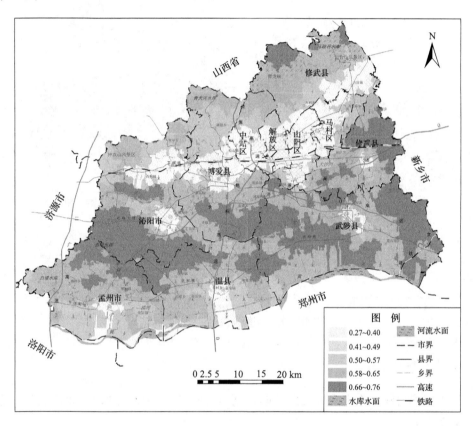

图 4-6 焦作市植被覆盖度图

7) 植被净初级第一生产力(NPP)

焦作市 NPP 采用 NASA 基于 2013 年 MODIS 数据(1km 分辨率)NPP 产品 MOD17A3 进行提取计算。

经计算,受土地利用类型影响,焦作市 NPP 地域分异与差异明显,总体表现为北部低南部高、农村区域高于城镇区域的态势。其中,中心城区及修武县建成区、岸上乡,武陟县建成区,温县建成区,沁阳市建成区,孟州市建成区、槐树乡西部等区域 NPP 较低,小于 0.19kg/(m² · a);马村区东部,修武县方庄镇、西村乡,博爱县寨豁乡,沁阳市常平乡、西万镇、西向镇北部、紫陵镇北部的 NPP 为 0.2~0.37kg/(m²·a);黄河沿岸乡镇 NPP 为 0.3~0.37kg/(m²·a);其余区域 NPP 较高,大于 0.38kg/(m²·a)(图 4-7)。

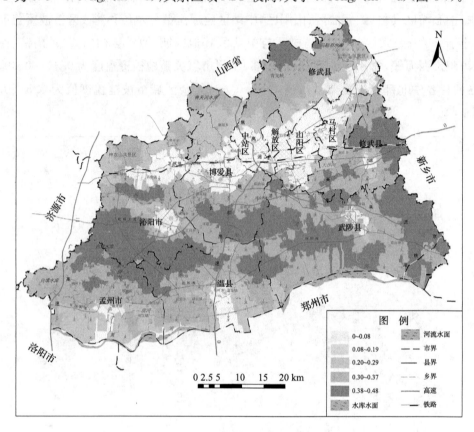

图 4-7 焦作市植被净初级第一生产力图[kg/(m²·a)]

2. 生态结构指标

生态结构指标分为土地利用图斑的景观多样性指标、生态连通性、面积比例指标和林网密度四大类。

1) 景观多样性指标

景观多样性指标一般包括类型多样性指数、格局多样性指数及斑块多样性指数。其中,类型多样性指数反映了景观格局的表征,常用香农多样性指数(SHDI)表示,类型多样性指数指标值高则表明土地生态系统稳定性强、结构合理;格局多样性指数能显著地反映受自然条件约束的土地生态系统的空间分布特点,常用散布与并列指数(IJI)表示;斑块多样性指数反映了景观破碎程度,破碎程度越高,土地生态系统稳定性越差,通常用斑块密度(PD)表示。

景观多样性指标计算采用焦作市 2013 年土地利用变更调查数据,将地类图斑矢量数据栅格化,然后裁剪为评价单元个数的 img 栅格形式,再转成 grid 形式,运用 Fragstats 3.3 软件进行计算,得到各评价单元的景观多样性指标。

类型多样性指数:经分析,焦作市类型多样性指数平均值为 0.78,分布不均衡,这与市域各县区土地利用程度差异有关。其中,修武县西村乡北部、岸上乡北部,沁阳市西向镇北部,解放区,山阳区西部等区域土地利用类型单一,类型多样性指数较低,小于 0.6;孟州市槐树乡,修武县方庄镇、西村乡东南部,马村区,中站区,博爱县寨豁乡、柏山镇、月山镇、许良镇,沁阳市常平乡南部、西万镇、西向镇中部、紫陵镇中部等区域土地利用类型多样,类型多样性指数较高,大于 1.2;其余区域土地利用类型主要为耕地,间或有非耕地,类型多样性指数稍低,介于 0.6~1.2(图 4-8)。

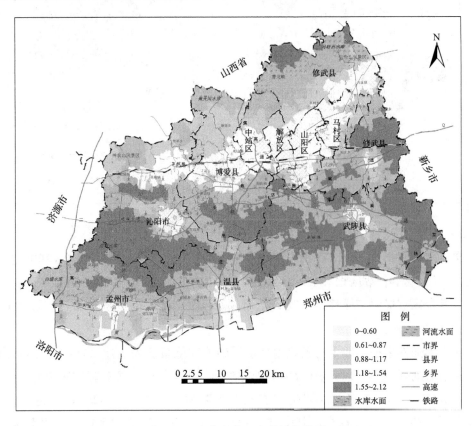

图 4-8　焦作市类型多样性指数图

格局多样性指数:焦作市格局多样性指数平均值为 51.83%,整体分布不均衡,破碎化程度较高。其中,解放区,修武县西村乡北部,沁阳市西向镇北部、紫陵镇北部,武陟县中南部,沁阳市建成区,温县建成区等区域格局多样性指数较低,小于 48.84%;其余区域格局多样性指数分布较分散,48.83%~100%均有分布(图 4-9)。

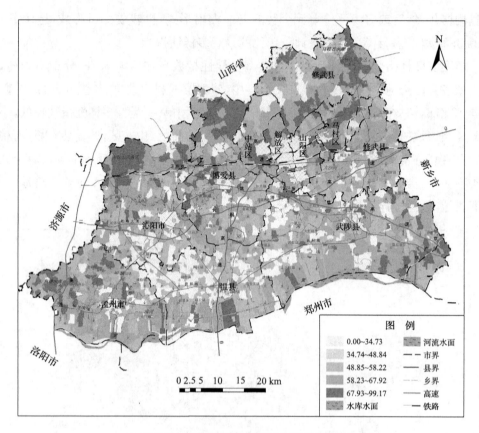

图 4-9 焦作市格局多样性指数图(%)

斑块多样性指数:经计算,焦作市斑块多样性指数呈现无规律性分布,其中孟州市槐树乡,马村区,中站区西南部,修武县方庄镇等区域斑块多样性指数稍高,大于40.01;其余区域斑块多样性指数较低,小于40,表明该区域斑块分布较均匀(图4-10)。

2)生态连通性

生态连通性表征土地生态系统内部物质转换和能量流动的速率,生态连通性高则生态系统流通强、更新快等。其数据处理方法与景观多样性指标计算方法相同。

经分析,焦作市大多数区域生态连通性指数为97~100,空间连接度指数较高,说明其景观生态连通性较高。其中,中心城区、各县建成区周边区域及孟州市槐树乡生态连通性稍低,小于99.2;其余区域均高于99.2,介于99.2~100,生态连通性较好(图4-11)。

3)面积比例指标

面积比例指标包括耕地、林地、水面、生态基础设施用地、城乡建设用地等用地比例。对于耕地、林地、水面比例指标,以焦作市2013年土地利用变更调查数据提取面积

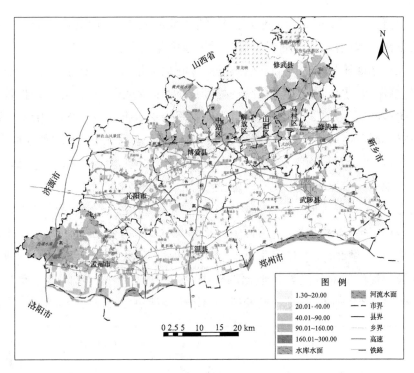

图 4-10 焦作市斑块多样性指数图

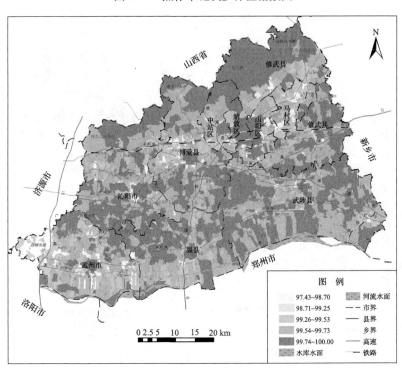

图 4-11 焦作市生态连通性图

信息；利用焦作市2013年2.5m遥感数据，结合地面调查，采用决策树分类方法、面向对象分类方法提取城镇、农村居民点等建设用地区绿地和水面信息，二者合计汇总后计算评价单元上述面积相应的比例。生态基础设施用地指具有生态服务功能的排他性生态用地，包括湿地、水域、排洪用地、废物处理用地、水源地保护区、自然保护核心区、风景旅游保护核心区等，以2013年焦作市土地利用变更数据库及土地利用总体规划数据库、城市总体规划、生态规划、旅游规划等数据为基础，运用ArcGIS软件获取上述用地分布和规模，与评价单元面积相除取得其面积比例。城乡建设用地比例主要基于2013年焦作市土地利用变更数据库及城市、土地规划数据进行提取。

耕地比例：焦作市耕地比例较高，且表现出集中连片的分布特征。其中，中站区北部，解放区，山阳区，修武县岸上乡、方庄镇北部、西村乡，博爱县寨豁乡，沁阳市常平乡、西万镇北部、西向镇北部、紫陵镇北部、沁阳市建成区，孟州市建成区，温县建成区，武陟县建成区及沁河沿岸部分区域耕地比例较小，小于43.83%；其余区域主要为平原区，土地利用类型主要为耕地，耕地比例较高，大部分区域耕地比例大于43.84%（图4-12）。

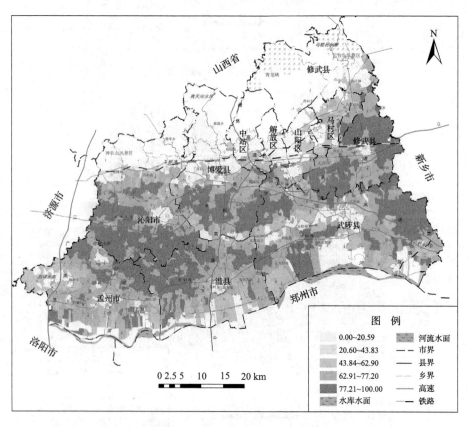

图4-12 焦作市耕地比例图（%）

林地比例:焦作市林地比例分布具有明显的区域性特征,北部山区林地分布较广,平原区林地所占比例较小。其中,修武县岸上乡、西村乡,中站区北部,博爱县寨豁乡北部,沁阳市常平乡、西向镇北部、紫陵镇北部等地区林地比例较高,大于 37.79%;土地利用类型主要为耕地的区域林地比例较小,小于 7.76%;孟州市槐树乡、西虢镇南部等区域林地比例为 17.77%~37.78%(图 4-13)。

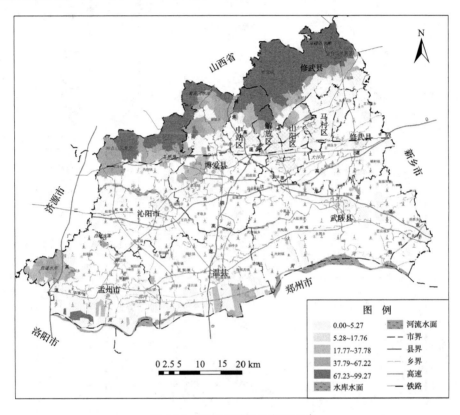

图 4-13 焦作市林地比例图(%)

水面比例:焦作市水面分布具有明显的差异性分布特征,呈现显著的带状分布,主要分布在市域中南部沁河与南部黄河沿线一带。其中,修武县马鞍石水库、博爱县青天河水库、孟州市白墙水库等区域分布有一定面积的水域,其余区域有少量分布(图 4-14)。

生态基础设施用地比例:焦作市生态基础设施用地分布差异明显,东北部生态基础设施用地比例较大。其中,市域北部丘陵山区,南部黄河、沁河沿岸分布比例较高;修武县方庄镇西部与北部、岸上乡除西部外、西村乡北部等区域生态基础设施用地比例较高,大于 62.91%;解放区,山阳区,中站区中部,博爱县寨豁乡、月山镇中北部、柏山镇等区域次之,介于 37.59%~62.9%;其余区域生态基础设施用地比例较小,小于 19.22%(图 4-15)。

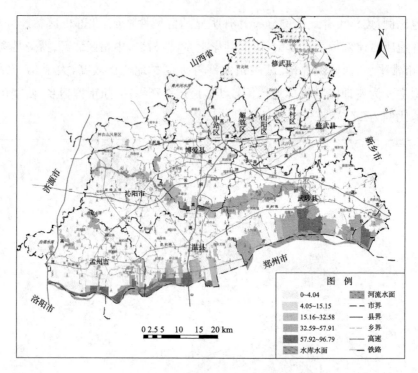

图 4-14 焦作市水面比例图(%)

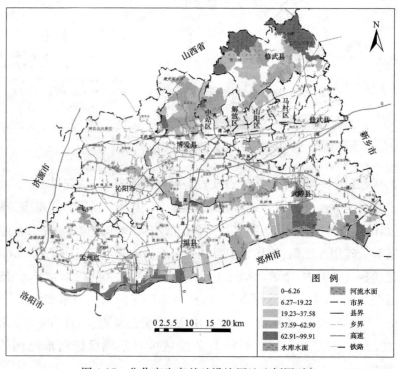

图 4-15 焦作市生态基础设施用地比例图(%)

城乡建设用地比例:焦作市城乡建设用地分布特征差异明显,中心城区及各县市建成区城乡建设用地比例最高,北部山区最低。其中,山阳区,解放区,中站区,武陟县建成区,温县建成区,沁阳市建成区,孟州市建成区,博爱县建成区等区域城乡建设用地比例较大,大于65.75%;市域北部山区较低,小于8.77%;其余区域城乡建设用地比例处于8.78%~65.74%(图4-16)。

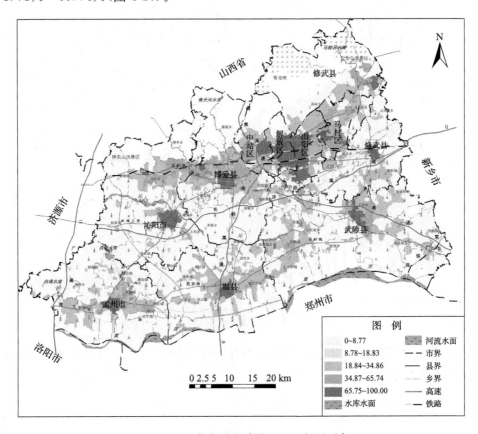

图4-16 焦作市城乡建设用地比例图(%)

4)林网密度

林网密度利用外业调查与土地利用变更调查数据,提取沟渠、公路、河流及铁路等线状长度,结合遥感影像进行判读,获得林网密度数据。

受地势影响,焦作市林网密度较高的区域主要位于北部丘陵区(图4-17)。其中,孟州市、青天河、青龙峡、马鞍石水库等区域林网密度较大,大于46.42m/hm²。其余区域林网均小于46.41m/hm²,该特征主要与地势及土地利用类型密切相关。

3. 生态效益指标

生态服务价值可用来测算不同土地生态系统功能提供直接或间接的服务。焦作市

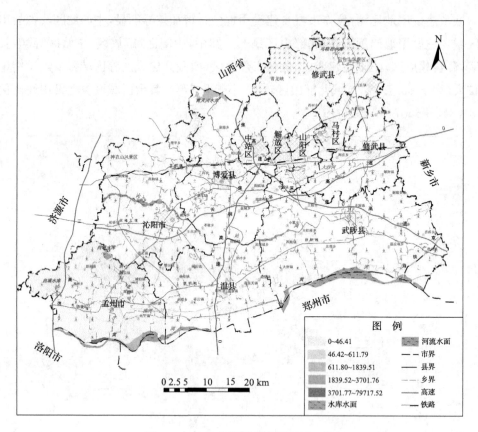

图 4-17 焦作市林网密度图(m/hm²)

生态服务价值计算根据全市 2013 年土地利用数据库提取的各用地类型地类计算生态服务价值,公式为

$$\mathrm{ESV} = \sum_{s=1}^{8} A_s \mathrm{VC}_s \tag{4-4}$$

式中,ESV 为土地生态系统服务价值总和;$A_s$ 为第 $s$ 种地类的实际面积;$VC_s$ 为第 $s$ 种土地利用类型的生态服务价值系数,以谢高地等(2003)为基础制定焦作市不同地类的生态服务价值系数,见表 4-2。

生态服务价值反映了人类直接或间接地从生态系统获得的利益,市域北部丘陵区、沁河沿岸、黄河沿岸等区域为人类提供的生态利益较大。其中,武陟县嘉应观乡、中站区大部分区域及与博爱县交界处、马村区北部生态服务价值较高,大于 16 523.26 元/hm²;解放区,修武县西部、中部及南部部分区域次之,生态服务价值介于 9546.02～16 523.25元/hm²;其余区域土地利用类型以耕地为主,生态服务价值较小,低于 9546.02 元/hm²(图 4-18)。

表 4-2　焦作市不同地类的生态服务价值系数表　　（单位：元/hm²）

| 土地利用类型 | 对应生态系统类型 | 生态服务价值系数 |
| --- | --- | --- |
| 耕地 | 农田 | 6 114.30 |
| 林地 | 森林 | 19 334.00 |
| 园地 | 农田、森林 | 12 724.15 |
| 草地 | 草地 | 6 406.50 |
| 其他农用地 | 农田、水体 | 35 212.23 |
| 交通运输用地 | 荒漠 | 371.40 |
| 水利设施用地 | 水体 | 40 676.40 |
| 居民点及工矿 | 荒漠 | 371.4 |

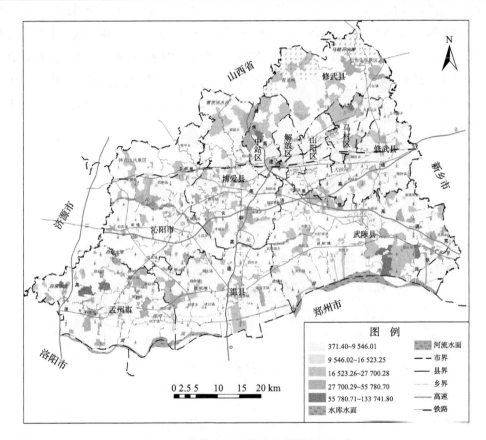

图 4-18　焦作市生态服务价值图(元/hm²)

4. 生态胁迫指标

1) 土壤综合污染指数

焦作市土壤综合污染指数计算依据多目标地球化学调查数据、采样点数据,采用插值法分别计算评价单元六大重金属含量值,采用单因子指数法和内梅罗综合指数法(钟

晓兰等,2007)计算土壤综合污染指数。计算公式为

$$P_v = \frac{C_v}{S_v}, P = \sqrt{\frac{\left(\frac{1}{6}\sum_v^6 P_v\right)^2 + \max(P_v)^2}{2}} \quad (4-5)$$

式中,$P_v$ 为污染物 $v$ 的环境质量指数;$C_v$ 为实测浓度;$S_v$ 为评价标准值;$P$ 为土壤污染程度综合指数。

经计算,焦作市土壤污染分布特征差异显著,北部区域土壤污染状况较轻,南部次之,中部污染较重。其中,修武县五里源乡中部、郇封镇西南部、高村乡西部,博爱县柏山镇东部、月山镇南部、许良镇、清华镇、苏家作乡西部,沁阳市西向镇中北部、紫陵镇中南部、柏香镇西北部,孟州市赵和镇东北部,山阳区,中站区西南部等区域土壤综合污染最为严重,土壤综合污染指数高达1.32;修武县高村乡中东部,解放区次之;修武县建成区,中站区东部,沁阳市西万镇、沁阳市建成区,博爱县磨头镇土壤综合污染指数值约为1.0;北部丘陵综合污染最轻,土壤综合污染指数值最小,为0.77;其余区域污染较轻,指数值介于0.77~1.87(图4-19)。

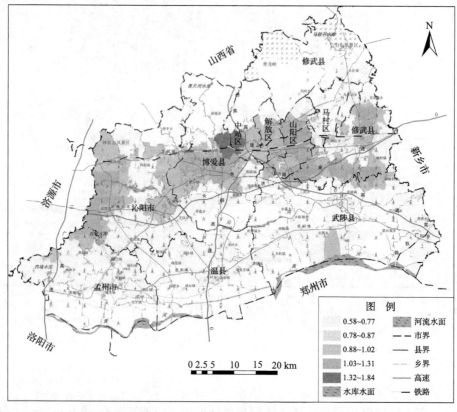

图 4-19　焦作市土壤综合污染指数图

2）土地污染面积比例

焦作市土地污染面积比例与土壤综合污染指数分布特征有较高的一致性。土地污染面积比例较高的区域与土壤综合污染指数分布区域相同，包括修武县五里源乡中部、郇封镇西南部、高村乡西部，博爱县柏山镇东部、月山镇南部、许良镇、清华镇、苏家作乡西部，沁阳市西向镇中北部、紫陵镇中南部、柏香镇西北部，孟州市赵和镇东北部，山阳区，中站区西南部等区域，均大于84.65%；其他区域土地污染较轻，因此土地污染面积比例较小（图4-20）。

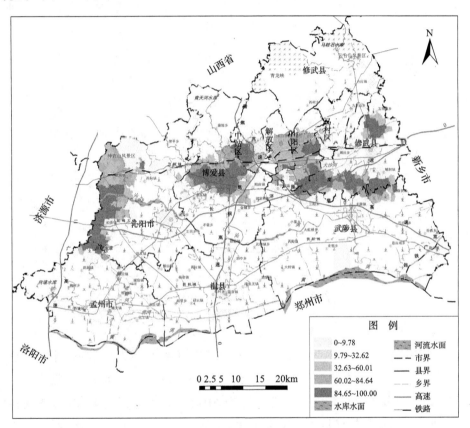

图4-20 焦作市土地污染面积比例图（%）

3）损毁土地面积比例

损毁数据依据焦作市2.5m遥感数据，参考2012～2013年焦作市土地利用变更调查数据库，识别塌陷与挖损区域并计算相应的比例。

焦作市损毁土地与矿区开采等密切相关，损毁土地主要分布在焦作市矿区周围。其中，修武县方庄镇西南部，山阳区北部，马村区东北部、中西部，沁阳市常平乡与西万镇等区域有少量分布，损毁土地面积比例大于15.93%；其他区域损毁土地面积比例较小,小于 4.91%(图 4-21)。

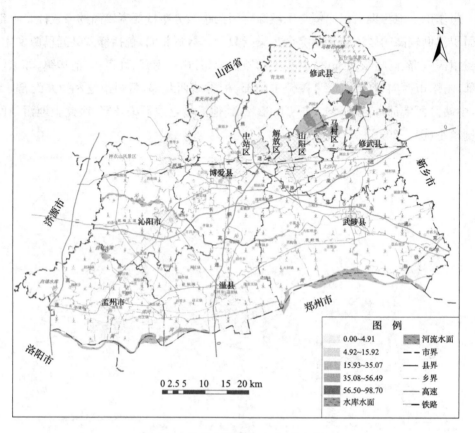

图 4-21 焦作市损毁土地比例图(%)

4) 人口密度

以《焦作统计年鉴(2013 年)》为依据,获取焦作市各乡镇人口数据,并结合焦作市公安局提供的户籍人口数据,获取各评价单元的人口数据,从而计算人口密度。

焦作市人口分布具有较强地域性。其中,中心城区山阳区与解放区,修武县建成区,武陟县建成区等城镇区域人口密度较大,大于 61 人/hm²;中心城区马村区,山阳区南部及博爱县部分区域人口密度次之,介于 41~60 人/hm²;中心城区中站区部分,沁阳市建成区,武陟县建成区,温县建成区人口密度介于 23~40 人/hm²;全市北部丘陵及其余区域人口密度较小,小于 22 人/hm²(图 4-22)。

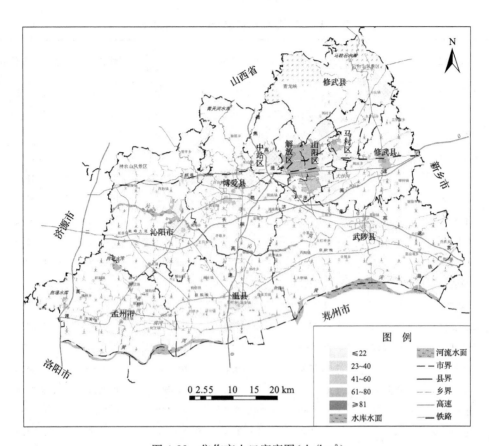

图 4-22 焦作市人口密度图(人/hm²)

### 4.1.3 土地生态质量评价指标数据标准化

依据构建的焦作市土地生态质量评价指标类型,按正向关系、负向关系与区间型关系3种类型进行评价指标数值标准化处理。

(1) 呈正向关系的评价指标主要有年均降水量、NPP、类型多样性指数、格局多样性指数、生态连通性、耕地比例、林地比例、水面比例、生态基础设施用地比例、林网密度、生态服务价值等,采用极值法进行标准化,部分评价单元的指标数据标准化处理结果见表4-3。

(2) 呈现负向关系的指标包括斑块多样性指数、城乡建设用地比例、土地污染面积比例、损毁土地面积比例及人口密度等,采用极差法进行标准化处理,表4-4是部分评价单元的指标数据标准化处理结果。

(3) 呈正向区间型关系的评价指标包括土壤有机质含量、有效土层厚度、植被覆盖度等,其指标数据标准化过程见表4-5～表4-7。

表 4-3 部分正向指标部分标准化结果表

| 行政单位 | NPP | 类型多样性指数 | 耕地比例 | 生态基础设施用地比例 | 林网密度 | 生态服务价值 |
|---|---|---|---|---|---|---|
| 上白作村 | 0.0000 | 0.5943 | 0.0410 | 0.0002 | 0.0415 | 0.1095 |
| 洪河村 | 0.0208 | 0.6038 | 0.0379 | 0.1003 | 0.0027 | 0.0980 |
| 狮涧村 | 0.0000 | 0.8396 | 0.0548 | 0.0954 | 0.0482 | 0.1161 |
| 西王褚村 | 0.1250 | 0.5519 | 0.4704 | 0.0696 | 0.0043 | 0.1463 |
| 嘉禾屯村 | 0.3333 | 0.7358 | 0.4423 | 0.0405 | 0.0138 | 0.1374 |
| 焦作林场 | 0.6667 | 0.2075 | 0.0000 | 0.0003 | 0.0000 | 0.0771 |
| 启心村 | 0.5208 | 0.6792 | 0.5437 | 0.0388 | 0.0091 | 0.0670 |
| 小尚村 | 0.7083 | 0.7406 | 0.5055 | 0.1287 | 0.0009 | 0.1132 |
| 河口村 | 0.4375 | 0.7264 | 0.3422 | 0.4387 | 0.0028 | 0.3240 |
| 大洼村 | 0.4167 | 0.5802 | 0.1407 | 0.6504 | 0.0680 | 0.4171 |
| 建成区 | 0.1875 | 0.4057 | 0.1059 | 0.1533 | 0.0021 | 0.0780 |
| 西孔庄村 | 0.7292 | 0.4717 | 0.6926 | 0.0099 | 0.0169 | 0.1418 |
| 土门掌村 | 0.6250 | 0.5802 | 0.6889 | 0.0028 | 0.0044 | 0.6375 |
| 谷堆后村 | 0.6458 | 0.5708 | 0.3374 | 0.0000 | 0.0169 | 0.1458 |
| 东马村 | 0.7292 | 0.9104 | 0.4966 | 0.0213 | 0.0051 | 0.0684 |
| 赵屯村 | 0.6458 | 0.8066 | 0.4937 | 0.0102 | 0.0028 | 0.0657 |
| 赵蒋村 | 0.7292 | 0.3962 | 0.7624 | 0.0008 | 0.0000 | 0.0469 |
| 冯河村 | 0.0000 | 0.5991 | 0.1323 | 0.0404 | 0.0469 | 0.0543 |
| 耿村 | 0.7500 | 0.2736 | 0.8116 | 0.0119 | 0.0146 | 0.0566 |

表 4-4 部分负向指标部分标准化结果表

| 行政单位 | 斑块多样性指数 | 城乡建设用地比例 | 土壤综合污染指数 | 土地污染面积比例 | 损毁土地面积比例 | 人口密度 |
|---|---|---|---|---|---|---|
| 狮涧村 | 1.0000 | 0.7037 | 0.8000 | 1.0000 | 1.0000 | 0.4856 |
| 马涧村 | 1.0000 | 1.0000 | 0.8000 | 1.0000 | 1.0000 | 1.0000 |
| 士林村 | 1.0000 | 1.0000 | 0.6000 | 0.2509 | 1.0000 | 0.0559 |
| 东王封村 | 1.0000 | 0.9111 | 1.0000 | 1.0000 | 1.0000 | 0.5362 |
| 东冯封村 | 0.6049 | 0.6171 | 0.6000 | 0.0052 | 1.0000 | 0.8374 |
| 造店村 | 0.8085 | 0.7503 | 0.8000 | 1.0000 | 1.0000 | 0.8457 |
| 老君庙村 | 0.4375 | 0.2904 | 0.6000 | 0.0040 | 1.0000 | 0.5871 |
| 刘庄村 | 0.2125 | 0.7883 | 1.0000 | 1.0000 | 1.0000 | 0.9396 |
| 周窑村 | 0.6614 | 0.8904 | 1.0000 | 1.0000 | 1.0000 | 0.9827 |

续表

| 行政单位 | 斑块多样性指数 | 城乡建设用地比例 | 土壤综合污染指数 | 土地污染面积比例 | 损毁土地面积比例 | 人口密度 |
|---|---|---|---|---|---|---|
| 北业村 | 0.9113 | 0.9944 | 1.0000 | 1.0000 | 1.0000 | 0.9714 |
| 西待王村 | 0.6912 | 0.7930 | 0.8000 | 0.9227 | 1.0000 | 0.6862 |
| 小王村 | 1.0000 | 0.6989 | 0.8000 | 1.0000 | 1.0000 | 0.4968 |
| 郭张弓村 | 0.7124 | 0.5879 | 0.8000 | 1.0000 | 1.0000 | 0.8587 |
| 姜冯营村 | 0.2005 | 0.7617 | 0.8000 | 1.0000 | 0.0000 | 0.7488 |
| 小李庄村 | 0.5177 | 0.5692 | 0.8000 | 1.0000 | 1.0000 | 0.4584 |
| 东马村 | 0.4151 | 0.7021 | 0.8000 | 1.0000 | 1.0000 | 0.8760 |
| 东韩王村 | 0.5557 | 0.8013 | 0.8000 | 1.0000 | 0.3475 | 0.8804 |
| 王张村 | 0.4643 | 0.7571 | 0.8000 | 1.0000 | 1.0000 | 0.9427 |
| 耿村 | 1.0000 | 0.7034 | 0.8000 | 1.0000 | 1.0000 | 0.8820 |
| 韩蒋村 | 0.5366 | 0.8739 | 0.8000 | 1.0000 | 0.4276 | 0.9404 |

表 4-5 土壤有机质含量分级标准表

| 优劣等级 | Ⅰ | Ⅱ | Ⅲ | Ⅳ | Ⅴ | Ⅵ |
|---|---|---|---|---|---|---|
| 土壤有机质含量/(mg/kg) | ≥95 | 85～95 | 75～85 | 65～75 | 55～65 | 45～55 |
| 分值 | 1 | 0.9 | 0.8 | 0.7 | 0.6 | 0.5 |

| 优劣等级 | Ⅶ | Ⅷ | Ⅸ | Ⅹ | Ⅺ | |
|---|---|---|---|---|---|---|
| 土壤有机质含量/(mg/kg) | 35～45 | 25～35 | 15～25 | 5～15 | <5 | |
| 分值 | 0.4 | 0.3 | 0.2 | 0.1 | 0 | |

表 4-6 有效土层厚度分级标准表

| 优劣等级 | Ⅰ | Ⅱ | Ⅲ | Ⅳ | Ⅴ |
|---|---|---|---|---|---|
| 有效土层厚度/cm | ≥150 | 100～150 | 60～100 | 40～60 | <40 |
| 分值 | 1 | 0.8 | 0.6 | 0.4 | 0.2 |

表 4-7 植被覆盖度分级标准表

| 优劣等级 | Ⅰ | Ⅱ | Ⅲ | Ⅳ | Ⅴ |
|---|---|---|---|---|---|
| 植被覆盖度 | ≥0.9 | 0.7～0.9 | 0.5～0.7 | 0.3～0.5 | <0.3 |
| 分值 | 1 | 0.8 | 0.6 | 0.4 | 0.2 |

(4) 呈负向区间型关系的评价指标包括坡度、高程及土壤综合污染指数等,其指标数据标准化处理过程见表 4-8～表 4-10。

表 4-8 坡度分级标准表

| 优劣等级 | Ⅰ | Ⅱ | Ⅲ | Ⅳ | Ⅴ |
| --- | --- | --- | --- | --- | --- |
| 坡度/(°) | ≤2 | 2~6 | 6~15 | 15~25 | >25 |
| 分值 | 1 | 0.8 | 0.6 | 0.4 | 0.2 |

表 4-9 高程分级标准表

| 优劣等级 | Ⅰ | Ⅱ | Ⅲ | Ⅳ | Ⅴ | Ⅵ |
| --- | --- | --- | --- | --- | --- | --- |
| 高程/m | ≤200 | 200~500 | 500~1500 | 1500~3500 | 3500~5500 | >5500 |
| 分值 | 1 | 0.8 | 0.6 | 0.4 | 0.2 | 0 |

表 4-10 土壤综合污染指数分级标准表

| 优劣等级 | Ⅰ | Ⅱ | Ⅲ | Ⅳ | Ⅴ |
| --- | --- | --- | --- | --- | --- |
| 土壤综合污染指数 | ≤0.7 | 0.7~1.0 | 1.0~2.0 | 2.0~3.0 | >3.0 |
| 分值 | 1 | 0.8 | 0.6 | 0.4 | 0.2 |

按照上述方法，对焦作市 1890 个评价单元的指标原始值进行标准化处理。

## 4.2 研究区土地生态质量评价及分级

### 4.2.1 土地生态质量评价指标权重的确定

采用第 3 章中建立的熵权法与德尔菲法相结合的主客观组合计算权重方法，计算包括准则层和元指标在内的焦作市土地生态评价指标权重。

(1) 熵权法评价指标权重计算。计算过程与具体公式见第 3 章，结果见表 4-11。
(2) 德尔菲法权重计算。具体计算公式与步骤见第 3 章，结果见表 4-12。

表 4-11 熵权法确定的指标权重表

| 目标层 | 准则层 | 权重 | 元指标 | 权重 |
| --- | --- | --- | --- | --- |
| 土地生态质量 | 生态本底指标 | 0.2801 | 年均降水量 | 0.1081 |
| | | | 土壤有机质含量 | 0.1613 |
| | | | 有效土层厚度 | 0.1485 |
| | | | 坡度 | 0.1153 |
| | | | 高程 | 0.0942 |
| | | | 植被覆盖度 | 0.1592 |
| | | | 植被净初级第一生产力(NPP) | 0.2134 |

续表

| 目标层 | 准则层 | 权重 | 元指标 | 权重 |
|---|---|---|---|---|
| 土地生态质量 | 生态结构指标 | 0.3857 | 类型多样性指数 | 0.1123 |
| | | | 格局多样性指数 | 0.0532 |
| | | | 斑块多样性指数 | 0.0866 |
| | | | 生态连通性 | 0.0796 |
| | | | 耕地比例 | 0.1112 |
| | | | 有林地比例 | 0.1255 |
| | | | 水面比例 | 0.1268 |
| | | | 生态基础设施用地比例 | 0.1092 |
| | | | 城乡建设用地比例 | 0.0692 |
| | | | 林网密度 | 0.1265 |
| | 生态效益指标 | 0.1594 | 生态服务价值 | 1.0000 |
| | 生态胁迫指标 | 0.1748 | 土壤综合污染指数 | 0.2963 |
| | | | 土地污染面积比例 | 0.2752 |
| | | | 损毁土地面积比例 | 0.2506 |
| | | | 人口密度 | 0.1779 |

表 4-12　德尔菲法确定的指标权重表

| 目标层 | 准则层 | 权重 | 元指标 | 权重 |
|---|---|---|---|---|
| 土地生态质量 | 生态本底指标 | 0.2912 | 年均降水量 | 0.1398 |
| | | | 土壤有机质含量 | 0.1823 |
| | | | 有效土层厚度 | 0.1823 |
| | | | 坡度 | 0.0958 |
| | | | 高程 | 0.1041 |
| | | | 植被覆盖度 | 0.1696 |
| | | | 植被净初级第一生产力(NPP) | 0.1260 |
| | 生态结构指标 | 0.2887 | 类型多样性指数 | 0.0791 |
| | | | 格局多样性指数 | 0.1313 |
| | | | 斑块多样性指数 | 0.0814 |
| | | | 生态连通性 | 0.1469 |
| | | | 耕地比例 | 0.0693 |
| | | | 有林地比例 | 0.1185 |
| | | | 水面比例 | 0.0724 |
| | | | 生态基础设施用地比例 | 0.1061 |
| | | | 城乡建设用地比例 | 0.1261 |
| | | | 林网密度 | 0.0690 |

续表

| 目标层 | 准则层 | 权重 | 元指标 | 权重 |
|---|---|---|---|---|
| 土地生态质量 | 生态效益指标 | 0.1878 | 生态服务价值 | 1.0000 |
| | 生态胁迫指标 | 0.2323 | 土壤综合污染指数 | 0.2789 |
| | | | 土地污染面积比例 | 0.2798 |
| | | | 损毁土地面积比例 | 0.2230 |
| | | | 人口密度 | 0.2183 |

(3) 主客观组合赋权法权重计算。依据第3章中提出的熵权法与德尔菲法相结合的主客观组合赋权计算方法,以二者计算的权重平均值作为土地生态质量评价指标的权重,结果见表4-13。

表4-13 土地生态质量评价指标权重表

| 目标层 | 准则层 | 权重 | 元指标 | 权重 |
|---|---|---|---|---|
| 土地生态质量 | 生态本底指标 | 0.2857 | 年均降水量 | 0.1243 |
| | | | 土壤有机质含量 | 0.1721 |
| | | | 有效土层厚度 | 0.1657 |
| | | | 坡度 | 0.1053 |
| | | | 高程 | 0.0992 |
| | | | 植被覆盖度 | 0.1646 |
| | | | 植被净初级第一生产力(NPP) | 0.1688 |
| | 生态结构指标 | 0.3372 | 类型多样性指数 | 0.0981 |
| | | | 格局多样性指数 | 0.0867 |
| | | | 斑块多样性指数 | 0.0843 |
| | | | 生态连通性 | 0.1084 |
| | | | 耕地比例 | 0.0933 |
| | | | 有林地比例 | 0.1225 |
| | | | 水面比例 | 0.1035 |
| | | | 生态基础设施用地比例 | 0.1078 |
| | | | 城乡建设用地比例 | 0.0935 |
| | | | 林网密度 | 0.1019 |
| | 生态效益指标 | 0.1736 | 生态服务价值 | 1 |
| | 生态胁迫指标 | 0.2035 | 土壤综合污染指数 | 0.2865 |
| | | | 土地污染面积比例 | 0.2777 |
| | | | 损毁土地面积比例 | 0.2347 |
| | | | 人口密度 | 0.2011 |

### 4.2.2 土地生态质量评价及其分级

#### 1. 土地生态质量评价

采用第 3 章构建的基于改进理想点的土地生态质量评价模型,以行政村为评价单元,对生态本底、生态结构、生态效益、生态胁迫 4 个准则层,以及焦作市土地生态质量状况进行评价,本节以准则层中的生态本底为例进行分析评价,具体过程如下。

(1) 依据土地生态质量指标生态本底准则层的指标原始值,构建由指标原始值组成的矩阵 $X$:

$$X = \begin{vmatrix} x_{11} & x_{12} & \cdots & x_{17} \\ x_{21} & x_{22} & \cdots & x_{27} \\ \vdots & \vdots & & \vdots \\ x_{m1} & x_{m2} & \cdots & x_{m7} \end{vmatrix} = \begin{vmatrix} 576.66 & 32.94 & \cdots & 0.00 \\ 574.34 & 60.61 & \cdots & 0.01 \\ \vdots & \vdots & & \vdots \\ 600.84 & 42.00 & \cdots & 0.41 \end{vmatrix}$$

其中,$m$ 为评价单元,$m=1,2,\cdots,1890$;$n$ 为评价指标数,$n=1,2,\cdots,7$。

(2) 对生态本底准则层的土地生态质量评价指标原始值进行标准化处理,以评价指标的标准化值为依据,构建规范化决策矩阵 $R$:

$$R = \begin{vmatrix} r_{11} & r_{12} & \cdots & r_{17} \\ r_{21} & r_{22} & \cdots & r_{27} \\ \vdots & \vdots & & \vdots \\ r_{m1} & r_{m2} & \cdots & r_{m7} \end{vmatrix} = \begin{vmatrix} 0.90 & 0.30 & \cdots & 0.00 \\ 0.89 & 0.60 & \cdots & 0.02 \\ \vdots & \vdots & & \vdots \\ 0.93 & 0.40 & \cdots & 0.85 \end{vmatrix}$$

其中,$r_{mn}$ 为指标标准化值;$m$ 为评价单元,$m=1,2,\cdots,1890$;$n$ 为评价指标数,$n=1,2,\cdots,7$。

(3) 依据规范化决策矩阵与组合赋权法确定的相应元指标的权重,根据公式 $S = Rw_j$,计算各评价单元生态本底准则层的评价值,则 $S_1$ 为

$$S_1 = \begin{vmatrix} 0.4787 \\ 0.4923 \\ \vdots \\ 0.6699 \end{vmatrix}$$

同理,依据上述计算步骤,分别计算焦作市各评价单元生态结构准则层评价值 $S_2$、生态效益准则层评价值 $S_3$、生态胁迫准则层评价值 $S_4$:

$$S_2 = \begin{vmatrix} 0.3399 \\ 0.4898 \\ \vdots \\ 0.4819 \end{vmatrix} \quad S_3 = \begin{vmatrix} 0.1095 \\ 0.098 \\ \vdots \\ 0.1611 \end{vmatrix} \quad S_4 = \begin{vmatrix} 0.8484 \\ 0.9273 \\ \vdots \\ 0.9389 \end{vmatrix}$$

(4) 将计算的评价单元 $S_1$、$S_2$、$S_3$、$S_4$ 4 个准则层评价值与相应准则层的权重相乘，构建评价单元准则层的加权规范化决策矩阵 $V$：

$$V = \begin{vmatrix} v_{11} & v_{12} & \cdots & v_{14} \\ v_{21} & v_{22} & \cdots & v_{24} \\ \vdots & \vdots & & \vdots \\ v_{m1} & v_{m2} & \cdots & v_{m4} \end{vmatrix} = \begin{vmatrix} 0.14 & 0.11 & \cdots & 0.17 \\ 0.14 & 0.17 & \cdots & 0.19 \\ \vdots & \vdots & & \vdots \\ 0.19 & 0.16 & \cdots & 0.19 \end{vmatrix}$$

其中，$v_{mn}$ 为准则层值与相应权重的乘积；$m$ 为评价单元，$m=1,2,\cdots,1890$；$n$ 为评价单元准则层数，$n=1,2,\cdots,4$。

(5) 依据构建的加权规范化决策矩阵，计算正理想解 $Z^+$、虚拟最劣解 $Z^*$：

$$Z^+ = (\max v_{ij}) = (Z_1^+, Z_2^+, \cdots, Z_n^+) = (0.25, 0.23, \cdots, 0.20)$$

$$Z^* = \{3Z_1^- - 2Z_1^+, 3Z_2^- - 2Z_2^+, \cdots, 3Z_n^- - 2Z_n^+\} = (Z_1^*, Z_2^*, \cdots, Z_n^*)$$

$$= (0.11, 0.06, \cdots, 0.09)$$

式中，$v_{ij}$ 为准则层值与相应权重的乘积，$i=1,2,\cdots,m, j=1,2,\cdots,n$，$m$ 为评价单元，$m=1,2,\cdots,1890$，$n$ 为评价指标数，$n=1,2,\cdots,4$。

(6) 依据计算的正理想解、负理想解、虚拟最劣解，计算到正理想解的距离 $D_i^+$ 与到虚拟最劣解的距离 $D_i^*$：

$$D_i^+ = \sqrt{\sum_{j=1}^n (v_{ij} - Z_j^+)^2} = \sqrt{(0.14-0.25)^2 + (0.11-0.23)^2 + \cdots + (0.17-0.19)^2}$$

$$D_i^* = \sqrt{\sum_{j=1}^n (v_{ij} - Z_j^*)^2} = \sqrt{(0.14-0.11)^2 + (0.11-0.06)^2 + \cdots + (0.19-0.09)^2}$$

式中，$v_{ij}$ 为准则层值与相应权重的乘积，$i=1,2,\cdots,m, j=1,2,\cdots,n$；$Z_j^+$、$Z_j^*$ 分别为第 $j$ 项指标的正理想解与虚拟最劣解。

(7) 根据计算的 $D_i^+$、$D_i^*$，计算每个评价单元对理想解的相对接近度指数 $C_i$：

$$C_i = \frac{D_i^*}{D_i^+ + D_i^*} = \begin{vmatrix} \dfrac{0.11}{(0.11+0.23)} \\ \dfrac{0.15}{(0.15+0.20)} \\ \vdots \\ \dfrac{0.17}{(0.17+0.17)} \end{vmatrix} = \begin{vmatrix} 0.32 \\ 0.43 \\ \vdots \\ 0.50 \end{vmatrix}$$

式中，接近度指数 $C_i$ 作为评价单元的土地生态质量评价值。

2. 土地生态质量分级

在计算各评价单元土地生态质量评价值的基础上,以第3章提出的自然断点分级方法进行分级,经分析,焦作市1890个评价单元的评价值数理统计特征以不同单元群组内部变异最小、群组间差异最大为原则进行分组,自然转折点、特征点在0.37、0.43、0.47、0.50表现出显著差异。因此,本书按上述4个转折点,将焦作市1890个评价单元的土地生态质量评价值按自然断点值从低到高依次划分为5个等级,即差、一般、中等、良、优。分级标准见表4-14。

表4-14 土地生态质量分级表

| 土地生态质量等级 | 优 | 良 | 中等 | 一般 | 差 |
|---|---|---|---|---|---|
| 土地生态质量指数值 | 0.50~0.69 | 0.47~0.50 | 0.43~0.47 | 0.37~0.43 | 0.13~0.37 |

3. 土地生态质量等级数量结构分析

按上述分级标准,焦作市1890个评价单元中土地生态质量为优的土地面积为857.10$km^2$,占全市土地总面积的21.57%,评价单元有292个;土地生态质量为良的所占比例最大,占土地总面积的34.11%,土地面积为1355.38$km^2$,评价单元有656个;土地生态质量为中等的评价单元有537个,土地面积为1010.49$km^2$,占土地总面积的25.43%;土地生态质量为一般的评价单元有296个,土地面积为470.91$km^2$,占土地总面积的11.85%;差等级的评价单元有109个,所占土地面积最小,为279.37$km^2$,比例为7.03%(表4-15)。

从焦作市所辖县区来说,全市土地生态质量为优等级的武陟县所占比重最大,为46.27%,其优等级面积也最大,为396.58$km^2$;中心城区所占比重最少,为1.18%;其余县市均有少量分布(表4-16)。

表4-15 焦作市土地生态质量分级情况统计表

| 等级 | 面积/$km^2$ | 比例/% | 评价单元数/个 |
|---|---|---|---|
| 优 | 857.10 | 21.57 | 292 |
| 良 | 1 355.38 | 34.11 | 656 |
| 中等 | 1 010.49 | 25.43 | 537 |
| 一般 | 470.91 | 11.85 | 296 |
| 差 | 279.37 | 7.03 | 109 |
| 合计 | 3 973.25 | 100 | 1 890 |

表 4-16　焦作市各县区土地生态质量分级情况统计表

| 行政单位 | 优 | | | 良 | | | 中等 | | | 一般 | | | 差 | | |
|---|---|---|---|---|---|---|---|---|---|---|---|---|---|---|---|
| | 单元数/个 | 面积/km² | 面积比例/% | 单元数/个 | 面积/km² | 面积比例/% | 单元数/个 | 面积/km² | 面积比例/% | 单元数/个 | 面积/km² | 面积比例/% | 单元数/个 | 面积/km² | 面积比例/% |
| 解放区 | 0 | 0.00 | 0.00 | 0 | 0.00 | 0.00 | 7 | 3.47 | 0.34 | 7 | 23.25 | 4.94 | 11 | 35.91 | 12.85 |
| 山阳区 | 0 | 0.00 | 0.00 | 1 | 3.80 | 0.28 | 10 | 10.92 | 1.08 | 16 | 27.13 | 5.76 | 16 | 67.67 | 24.22 |
| 马村区 | 1 | 1.85 | 0.22 | 1 | 1.08 | 0.08 | 23 | 43.13 | 4.27 | 32 | 54.08 | 11.48 | 8 | 18.21 | 6.52 |
| 中站区 | 3 | 8.25 | 0.96 | 6 | 31.76 | 2.34 | 10 | 37.72 | 3.73 | 11 | 24.18 | 5.13 | 6 | 23.19 | 8.30 |
| 沁阳市 | 26 | 36.71 | 4.28 | 120 | 189.58 | 13.99 | 99 | 228.48 | 22.61 | 64 | 114.08 | 24.23 | 10 | 26.20 | 9.38 |
| 孟州市 | 59 | 131.63 | 15.36 | 93 | 197.80 | 14.59 | 95 | 130.83 | 12.95 | 36 | 31.99 | 6.79 | 6 | 11.40 | 4.08 |
| 修武县 | 19 | 90.62 | 10.57 | 69 | 217.02 | 16.01 | 82 | 237.83 | 23.54 | 65 | 108.68 | 23.08 | 3 | 13.94 | 4.99 |
| 武陟县 | 114 | 396.58 | 46.27 | 168 | 300.54 | 22.17 | 69 | 93.34 | 9.24 | 16 | 23.46 | 4.98 | 2 | 11.07 | 3.96 |
| 温县 | 34 | 92.22 | 10.76 | 136 | 254.96 | 18.81 | 89 | 116.66 | 11.54 | 11 | 7.13 | 1.52 | 4 | 10.42 | 3.73 |
| 博爱县 | 36 | 99.25 | 11.58 | 62 | 158.85 | 11.72 | 53 | 108.11 | 10.70 | 36 | 56.91 | 12.09 | 43 | 61.35 | 21.96 |
| 合计 | 292 | 857.10 | 100.00 | 656 | 1 355.38 | 100.00 | 537 | 1 010.49 | 100.00 | 296 | 470.91 | 100.00 | 109 | 279.37 | 100.00 |

　　焦作市良等级中,武陟县所占比重最高,为 22.17%;中心城区分布最少,所占比重约为 2.7%(表 4-16)。

　　焦作市中等等级中,修武县所占比重最高,其次为沁阳市,分别为 23.54%、22.61%,其余县区比例均不高(表 4-16)。

　　一般等级中,沁阳市所占比重最高,其次为修武县,分别为 24.23%、23.08%,其余县区均有少量分布(表 4-16)。

　　差等级中山阳区分布较多,面积比例为 24.22%;其次为博爱县,所占比重为 21.96%;其余县区除解放区(12.85%)外所占比重均不超过 10.00%(表 4-16)。

　　通过对焦作市土地生态质量数量结构进行对比分析,全市土地生态质量优良等级面积为 2212.48km²,比例达到 55.68%,表明焦作市土地生态质量总体处于良水平,土地生态质量有较大的提升空间。

## 4.3　土地生态质量评价空间特征分析

　　在土地生态质量评价的基础上,运用 ArcGIS 软件,以自然断点分级标准分别对生态本底评价值、生态结构评价值、生态效益评价值、生态胁迫评价值及土地生态质量综合评价值进行分级,对市域土地生态评价单元准则层及土地生态质量综合等级的空间分布特征进行分析。

### 4.3.1 土地生态质量评价准则层空间分布特征

1. 生态本底准则层

经分析,焦作市生态本底条件整体呈现北部山区较差、中南部地区良好的态势(图4-23)。

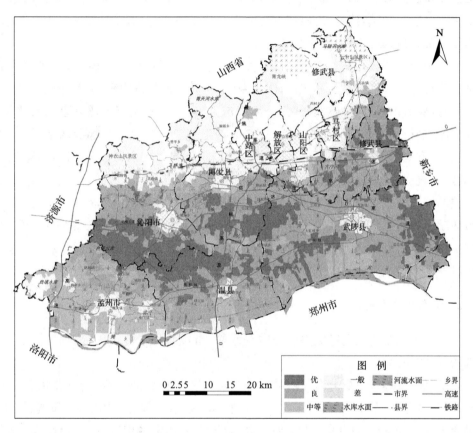

图 4-23 焦作市生态本底评价图

其中,优等级分布比较分散,主要集中分布在市域东部、京广铁路、原焦高速交叉处西北区域、中部、白墙水库东北区域,包括武陟县乔庙乡、小董乡西北部,博爱县金城乡东南部、孝敬镇东部,温县黄庄镇、番田镇西北部,沁阳市柏香镇南部、王曲乡南部、崇义镇、王召乡西部,修武县郇封镇北部及东部,武陟县大部分乡镇(除乔庙乡、小董乡西北部外),温县北冷乡、祥云镇等区域,其他区域有零星分布。

良好等级分布较广,紧邻优等级区域周边,主要集中在市域中部、长济高速、S309省道(获轵线)沿线区域,包括武陟县詹店镇中部、嘉应观乡、圪垱店乡、谢旗营镇、龙源镇、三阳乡、宁郭镇、小董乡东部、大虹桥乡南部、北郭乡西南部、大封镇、西陶镇,修武县五里源乡、高村乡、周庄镇中南部,高新区李万街道办事处、文苑街道办事处,博爱县阳庙镇、苏家作乡、孝敬镇除东部、磨头镇、温县南张羌镇、赵堡镇、温泉镇东部、武德镇、徐堡镇、北冷乡北部、祥云镇、岳村乡中部及北部、招贤乡、番田镇中南部及东北部,孟州市赵和镇东北部、城伯镇东部,沁阳市柏香镇城区北部、王曲乡北部、西向镇南部等区域。

中等等级主要分布市域中部,中心城市城区南部,黄河、沁河沿线等区域,包括孟州市的西虢镇、赵和镇中部及南部、谷旦镇、槐树乡中南部、河雍街道办事处、会昌街道办事处、化工镇、南庄镇,博爱县许良镇南部,温县温泉镇西部,武陟县北郭乡中部及东部、詹店镇南部,马村区九里山乡等区域。

一般等级主要分布在焦作市北部丘陵、西南部,包括沁阳市紫陵镇、西乡镇中部及北部、西万镇南部及西部、山王庄镇、常平乡除中部,博爱县月山镇、寨豁乡中西部、柏山镇,中站区府城街道办事处、建成区、许衡街道办事处东部、龙翔街道办事处西北部,高新建成区,马村区安阳城街道办事处东南部、待王街道办事处东北部及西南部,修武县中心城区、方庄镇周边村庄、西村乡西北部及中南部、岸上乡东北部及中南部,温县建成区,武陟县建成区等区域。

差等级主要分布在市域北部丘陵山区及部分城镇建成区,包括孟州市中心城区,沁阳市建成区、西万镇东北部、常平乡中部,博爱县许良镇北部、建成区、寨豁乡东部,中站区许衡街道办事处西部、龙翔街道办事处中南部及东北部、上白作乡,解放区,山阳区,马村区安阳城街道办事处中北部及西南部,修武县西村乡、岸上乡与方庄镇等区域。

2. 生态结构准则层

焦作市生态结构状况等级整体为中等水平,市域北部丘陵山区、南部黄河沿岸、西南部较好(图4-24)。

其中,优、良等级主要分布在市域北部丘陵山区岸上乡、西村乡、龙翔街道办事处中部及北部、寨豁乡、常平乡、西向镇北部、紫陵镇等区域,南部的槐树乡、赵和镇、西虢镇、会昌街道办事处南部、化工镇、大定街道办事处南部、招贤乡南部、祥云镇南部、温泉镇中部及南部、赵堡镇西南部、大封镇南部、北郭乡东部、嘉应观乡西部、詹店镇西南部,以及沁河两岸等区域。

差等级主要分布在孟州市、沁阳市、温县、博爱县、武陟县、修武县、中站区、解放区、山阳区及马村区等区域建成区。

中等与一般等级分布较广,除优、良、差等级外,其余地区生态结构状况均为中等与一般等级。

3. 生态效益准则层

焦作市生态效益整体较差(图4-25)。

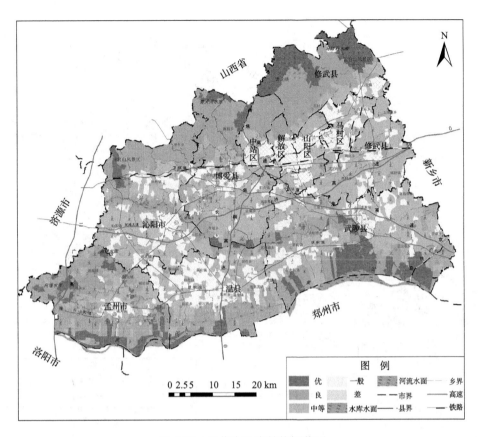

图 4-24 焦作市生态结构评价图

其中,优、良等级分布较零散,市域岸上乡、方庄镇、西村乡、龙翔街道办事处、寨豁乡、孝敬镇、金城乡、西乡镇、赵和镇、槐树乡、城伯镇、西虢镇、南庄镇、番田镇、嘉应观乡、乔庙乡、詹店镇、圪垱店乡等均有零星分布。

中等、一般等级围绕优、良等级分布,在修武县西村乡、高村乡,马村区安阳城街道办事处、待王街道办事处,中站区建成区、龙翔街道办事处、上白作乡,解放区建成区,武陟县嘉应观乡、北郭乡、大丰镇中部及西部,沁阳市西向镇,博爱县寨豁乡,温县温泉镇,孟州市西虢镇等区域分布较广,其余区域均有分布,但分布比较分散。

差等级分布较广,市域大部分区域均有分布,该等级连片程度较高且面积较大,主要分布在孟州市的槐树乡、化工镇、会昌街道办事处、大定街道办事处、化工镇、南庄镇、赵和镇、河雍街道办事处、河阳街道办事处,沁阳市崇义镇、柏香镇、王曲乡、紫陵镇、常平乡、沁阳建成区,博爱县建成区、苏家作乡、磨头镇、许良镇,温县招贤乡、祥云镇、岳村乡、北冷乡、武德镇乡,武陟县建成区、大虹桥乡、小董乡,山阳区等区域,其余区域分布面积较小且较碎。

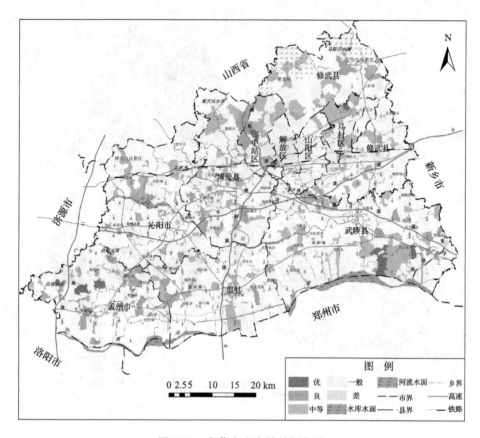

图 4-25 焦作市生态效益评价图

4. 生态胁迫准则层

焦作市生态胁迫状况空间分异特征比较显著,整体呈现北部丘陵山区最好,南部平原区次之,中部地带较差的分布情况(图 4-26)。

其中,土地生态状况受胁迫最低的区域主要位于市域北部及中南部,包括修武县北部西村乡、岸上乡、方庄镇东北部,中站区北部,博爱县北部寨豁乡、许良镇北部,沁阳市常平乡,武陟县圪垱店乡、三阳乡与大虹桥乡衔接区域、西陶镇西部,温县温泉镇、招贤乡与孟州市南庄镇南部,孟州市西虢镇与城关镇南部。

生态胁迫状况中等与良好区域占焦作市的绝大部分,主要分布在市域中部以南,包括修武县方庄镇西南、五里源乡北部与南部、郇封镇中北部、周庄乡、马村区,武陟县大部,温县大部,孟州市大部,沁阳市柏香镇东南部、崇义镇、王召乡、王曲乡、西向镇、西万镇及建成区,博爱县南部磨头镇、孝敬镇、金城乡、苏家作乡、阳庙镇,中站区北部及南部等区域。

生态胁迫较严重的区域主要分布在市域中部,大多为镇区及城市建成区聚集地,包

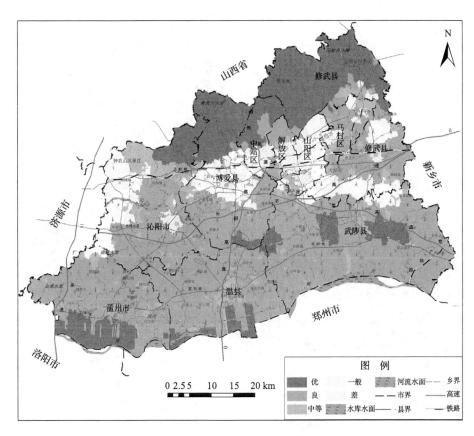

图4-26 焦作市生态胁迫评价图(彩图附后)

括修武县南部及五里源乡的中部,山阳区,解放区,博爱县中部许良镇、清化镇、月山镇和柏山镇,沁阳市建成区及柏香镇大部,孟州市赵和镇北部。该区域人口密度大,经济发达程度较高,在社会生产发展过程中,对生态环境造成了一定的破坏,从而使生态胁迫程度较高。

## 4.3.2 土地生态质量综合评价空间分布特征

焦作市土地生态质量整体较好,呈现出中部差、南部及北部较好的趋势(图4-27)。

其中,优等级呈"插花式"分布,主要分布在修武县岸上乡中部、西村乡中北部、方庄镇中部,武陟县乔庙乡中部及东部、詹店镇西南部及东部、嘉应观乡中部及南部、北郭乡中部及南部、大封镇西南部,温县温泉镇西部及东部,孟州市西霓镇东南部,博爱县寨豁乡中东部,沁河沿岸部分地区,以及孟州市除西霓镇外的其他区域。

良等级分布较广,破碎化程度较高,大部分区域穿插有优、中等等级。该等级区域主要有修武县方庄镇东北部、岸上乡东部、西村乡北部及西部、五里源乡西部及东北部、周庄乡中东部、郇封镇除西南部,武陟县谢旗营镇东部及南部、圪垱店乡、乔庙乡西部及

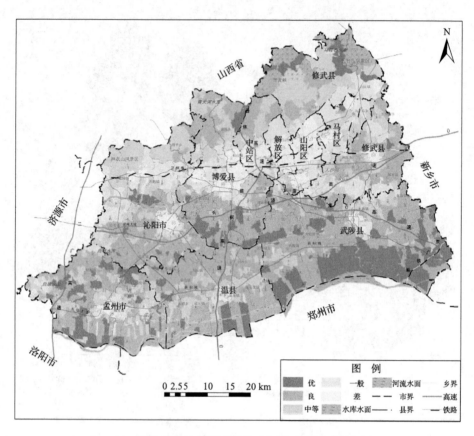

图 4-27 焦作市土地生态质量综合评价分级图（彩图附后）

中东部、詹店镇中部、嘉应观乡北部、大虹桥乡、三阳乡、大封镇北部及东部、小董乡、宁郭镇中部及东部、西陶镇，温县南张羌镇中部及南部、武德镇、徐堡镇、北冷乡中部、黄庄镇中北部及东南部、番田镇、祥云镇北部及东南部、招贤乡中部及南部，孟州市化工镇、南庄镇南部、会昌街道办事处西南部、西虢镇西南部、槐树乡南部与东北部、赵和镇东部与中北部、谷旦镇中部及南部，沁阳市崇义镇、柏香镇中部、王曲乡，博爱县金城乡、磨头镇、怀庆街道办事处、孝敬镇东北部、苏家作乡、寨豁乡中西部及东北部、阳庙镇东部，中站区龙翔街道办事处西部及东部等区域。

中等与一般等级主要分布在市域中北部与北部，包括武陟县谢旗营镇西北部、龙源镇，修武县高村乡、周庄乡西部、五里源乡中部、方庄镇除优及良等级乡镇、岸上乡西部、西村乡中部及西南部，马村区九里山乡、安阳城街道办事处，山阳区文苑街道办事处，中站区上白作乡、府城街道办事处，博爱县东南部及西北部、许良镇南部、月山镇、阳庙镇西部、苏家作乡西部，温县岳村乡除南部、祥云镇中部、南张羌镇北部，孟州市槐树乡西部、河雍街道办事处、河阳街道办事处，沁阳市柏香镇西南部及北部、紫陵镇、西向镇除南部、西万镇、常平乡、山王庄镇等区域。

差等级主要分布在沁阳市建成区,孟州市建成区,温县建成区,武陟县建成区,修武县建成区,博爱县建成区、许良镇北部、清化镇、柏山镇、中站区建成区、许衡街道办事处,解放区,山阳区除文苑街道办事处外,马村区建成区等区域。

## 4.4 本章小结

本章在第3章方法研究的基础上,构建了焦作市土地生态质量评价指标体系,采用熵权法与德尔菲法相结合的方法确定了评价指标的权重,建立了基于改进理想点的土地生态质量评价模型,运用 ArcGIS 软件,对焦作市土地生态质量进行了评价;基于自然断点法,按照优、良、中等、一般、差5个等级,对市域土地生态质量进行了分级,并从数量结构和空间分布两方面对土地生态质量进行了分析探讨。

# 第 5 章 土地生态质量空间分异及其主控因子分析

目前,土地生态质量分异研究以空间分布特征研究为主,忽视了土地生态系统和生态过程的完整性,缺乏长期、动态的分析。因此,深入、系统地研究土地生态质量演变和分异特征,准确识别土地生态质量分异的主控因子,对改善区域土地生态质量、保证国土资源安全、实现土地可持续利用等具有重要的理论意义和实践价值。

本章利用 GIS 技术,以焦作市为研究区,在市域土地生态质量评价的基础上,利用热点分析模型进行土地生态质量空间冷热点分布特征研究;以质量空间分异研究为基础,利用 CART 算法构建分类决策树,并根据其分类精度高低分析各评价指标因素对全域土地生态质量空间分异的作用,识别主控因子;采用主成分分析法,识别焦作市各生态质量分异类型区引起质量分异的主控因子,为焦作市土地生态管护提供科学依据。

## 5.1 基于热点分析模型的土地生态质量空间分异研究

### 5.1.1 基于热点分析模型的空间分异方法

1. 热点分析理论

热点分析理论数学模型可用于空间布局分异的研究,其理论原型为空间计量学家 Anselin 于 1995 年提出的空间关联局域指标,主要通过计算局部高/低聚类值(Getis-Ord $G$)来定量判断区域极高或极低值要素的聚集程度或差异。该模型基于空间计量地理学的空间自相关思想,通过分析各影响因子属性值的"中心"(高值集聚,即热点)和"洼地"(低值集聚,即冷点),从而揭示空间要素或影响因素的集聚程度。局部高/低聚类值(Getis-Ord $G_i^* d$)计算公式为

$$G_i^* d = \sum_{j=1}^{n} w_{ij}(d) x_j \Big/ \sum_{j=1}^{n} x_j \tag{5-1}$$

为了更好地反映和解释区域极高或极低值要素的聚集程度或差异,对 $G_i^* d$ 进行标准化处理,公式为

$$Z(G_i^*) = \frac{G_i^* - E(G_i^*)}{\sqrt{\mathrm{Var}(G_i^*)}} \tag{5-2}$$

式中，$E(G_i^*)$为$G_i^*$的数学期望值；$\mathrm{Var}(G_i^*)$为$G_i^*$的方差值；$W_{ij}$为区域空间的权重值；$x_j$为空间评价单元的土地生态质量指数值。如果$Z(G_i^*)$为正值且显著，说明空间位置$i$周边的局部高/低聚类值相对较高，称为热点区；反过来，如果$Z(G_i^*)$为负值且显著，说明空间位置$i$周围的局部高/低聚类标准化值相对较低，称为冷点区。

2. ArcGIS支持下的土地生态质量空间分异热点分析方法

本书利用ArcGIS中的热点分析工具进行冷热点分析。

ArcGIS空间统计工具箱中的热点分析工具(hot spot analysis)可对数据集中的每一个要素计算局部高/低聚类值(Getis-Ord $G_i^*$)的统计值。依据计算的指数值的统计显著性(用$z$得分和$p$值表示)，得到高聚类值或低聚类值要素在区域空间上发生聚类的位置。

该分析模型的基本思路是通过查看邻近要素环境中所有要素的情况，高聚类值要素比较容易发现，而从统计学角度看，该区域可能不是具有显著统计学意义的所谓热点聚类区。只有要素具有高聚类值，且同时被其他同样具有高聚类值的要素包围起来，才能真正成为具有显著统计学意义的热点。因此，研究可以比较某个要素及其相邻要素的局部总和与所有要素总和的大小值，如果局部总和与所预期的局部总和存在相对较大的差异，并不能成为随机产生的结果时，就可以得出一个具有显著统计学意义的$Z$得分值。

其具体步骤如下。

1) 数据准备

采集所需信息的评价单元的要素数据，即所有土地生态质量评价指标的实测值。

2) 数据整理

运用空间统计的热点工具，对土地生态质量评价指标的实测值进行整理，输入的数据必须是权重数据，也就是对于输入数据需要记录相同$xy$坐标的点个数。对于热点分析中的Conceptualization of Spatial Relationship参数使用Fixed Distance Band计算，该距离一般选取空间自相关性最强的距离。对原始数据的整理步骤如下。

(1) 使用collect events工具，对已有点数据进行处理得到权重数据，该工具可以计算具有相同坐标的点的数目。如果原始点数据没有相同坐标的点，则可以用Integrate工具来设置一个容限，将此容限范围内的点移动到同一位置。

(2) 应用Spatial Autocorrelation(Morans I)工具，对原始数据进行分析计算得到一个空间自相关性较强的距离。

对于本书的研究而言，各评价单元的理想点得分值、土地生态质量评价综合指数值就是数据整理的结果。

3) 热点分析模型实现

步骤如下。

(1) 对原始点数据,即土地生态质量评价指标收集权重,输出 Calls_Collect 数据中会产生一个 ICount 字段,ICount 字段为各评价单元的土地生态质量理想点值,即土地生态质量综合评价指数值。

(2) 对土地生态质量评价指标的权重数据进行热点分析,将输入要素类设置为待分析的要素类图层,即焦作村级行政区统计数据,输入字段设置为理想点得分值,该字段名称为理想值1,距离为运用 Spatial Autocorrelation 工具计算的空间自相关性最强距离,如图 5-1 所示。

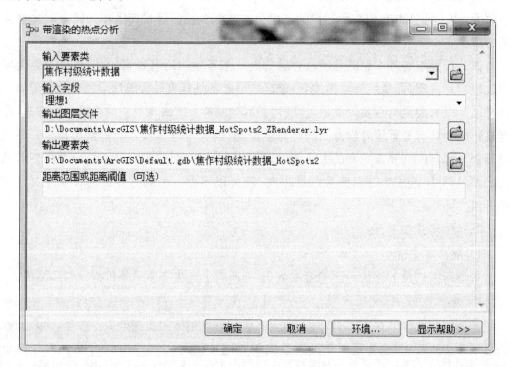

图 5-1　热点分析界面图

(3) 对计算的冷热点分值进行分级渲染,即可获得土地生态质量空间分异的冷热点分布状况。

## 5.1.2　研究区土地生态质量空间分异特征分析

运用 ArcGIS 软件的 Hot Spot Analysis 工具,依据焦作市土地生态质量评价结果,以村级行政区为评价单元,将土地生态质量指数值(基于理想点法数学评价模型计算)作为 ICount 字段进行冷热点分析。

经分析计算,焦作市土地生态质量空间聚类分异程度有较大差异,依据冷热点分值 $Z$ 由低到高,即 $<-2.00$、$-2.00\sim-1.00$、$-1.00\sim1.00$、$1.00\sim2.00$、$>2.00$ 划分为 5 个分异类型,这 5 个分异类型区反映了不同区域土地生态质量在空间上的集聚程度(图 5-2)。

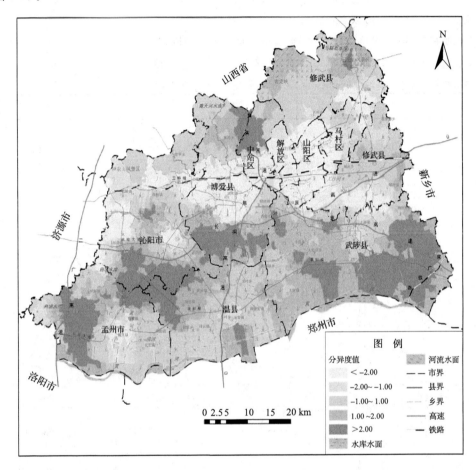

图 5-2 焦作市土地生态质量空间冷热点分布图(彩图附后)

其中,$Z$ 值得分小于 $-2.00$ 的为一级土地生态质量空间分异类型区,$-2.00\sim-1.00$ 的为二级土地生态质量空间分异类型区,以此类推,$Z$ 值得分大于 2.0 的区域为五级土地生态质量空间分异类型区。$Z$ 值得分高的区域为热点集聚区,表明此处土地生态质量较好,分值低的区域为冷点集聚区,表明此处土地生态质量较差。以分值最高的区域为五级土地生态质量空间分异类型区,即焦作市土地生态质量最好的区域,分值越低生态等级越低,各土地生态质量空间分异类型区及其对应的冷热点分值见表 5-1。

以焦作市土地生态质量空间冷热点分布图为基础,分别编绘了 5 个生态空间分异类型区冷点/热点空间集聚分布图,反映了每个土地生态质量空间分异类型区的空间分异特征与土地生态质量的空间格局,具体分布如图 5-3~图 5-7 所示。

表 5-1 各土地生态质量空间分异类型区冷热点分值表

| 生态类型区划分 | Z 值得分 | 面积/km² | 评价单元数(村级行政区) |
| --- | --- | --- | --- |
| 一级土地生态质量空间分异类型区 | <−2.00 | 656.07 | 358 |
| 二级土地生态质量空间分异类型区 | −2.00~−1.00 | 334.99 | 170 |
| 三级土地生态质量空间分异类型区 | −1.00~1.00 | 1352.10 | 629 |
| 四级土地生态质量空间分异类型区 | 1.00~2.00 | 908.83 | 385 |
| 五级土地生态质量空间分异类型区 | >2.00 | 721.26 | 348 |

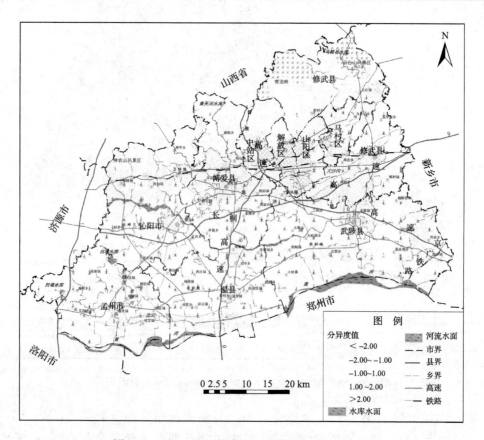

图 5-3 一级土地生态质量空间分异类型区分布图

一级土地生态质量空间分异类型区为冷点集聚区(Z 值小于−2.00),面积为 656.07km²,包括 358 个评价单元(村级行政区),占焦作市土地总面积的 16.51%,位于市域中部。其主要集中在市域中心城区及各县区城区,分布比较集中,包括焦作市市区(山阳区、中站区、解放区、马村区)、博爱县、沁阳市、孟州市等城区,另外九里山乡因煤矿开采引起地表塌陷,从而对土地生态造成一定的破坏,也处于一级土地生态质量空间分异类型区内(图 5-3)。

二级土地生态质量空间分异类型区为冷点集聚区($Z$ 值为 $-2.00\sim-1.00$),面积为 334.99km²,占土地总面积的 8.43%,包括 170 个评价单元(村级行政区),分布比较零碎。其大多分布在一级土地生态质量空间分异类型区周边区域,包括温县、武陟县、紫陵镇等城镇区,以及其他城区的城乡结合部(图 5-4)。

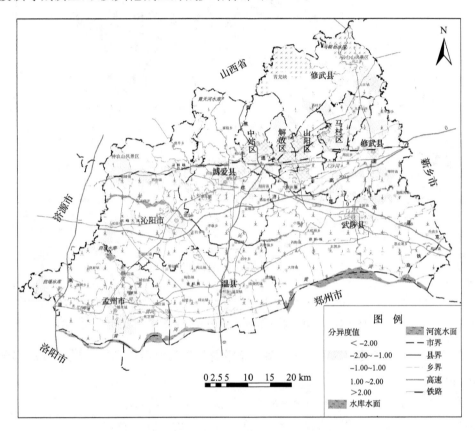

图 5-4 二级土地生态质量空间分异类型区分布图

三级土地生态质量空间分异类型区为冷点或热点集聚区($Z$ 值为 $-1.00\sim1.00$),面积为 1352.10km²,占土地总面积的 34.03%,包括 629 个评价单元(村级行政区),所占面积比重较大。其主要分布于城区建成区与农村的中间过渡区域及大型水库、风景区、河流沿线等区域,包括中心城区修武县、武陟县、沁阳市、孟州市、博爱县等城市城乡结合部,青天河水库、白墙水库、马鞍石水库等水域周边,云台山、青龙峡、神农山等风景区周边,西南部黄河沁河沿岸,以及市域东北部修武县西村乡附近区域(图 5-5)。

四级土地生态质量空间分异类型区为热点集聚区($Z$ 值为 $1.00\sim2.00$),面积为 908.83km²,占土地总面积的 22.87%,包括 385 个评价单元(村级行政区),主要分布在市域的北部、中部和南部。北部主要包括青天河水库和马鞍石水库的部分区域,中部主

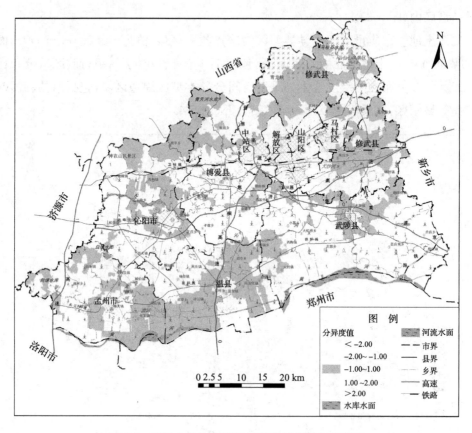

图 5-5 三级土地生态质量空间分异类型区分布图

要包括沁阳市周边和博爱县南部的乡镇，南部主要为黄河沿岸和人民胜利渠的部分区域(图 5-6)。

五级土地生态质量空间分异类型区为热点集聚区($Z$ 值大于 2.00)，面积为 721.26km²，占土地总面积的 18.15%，包括 348 个评价单元(村级行政区)，主要分布在水库、沟渠及河流周边区域，包括青天河水库东南区域、白墙水库和人民胜利渠的大部分区域、沁河与黄河沿岸部分区域(图 5-7)。

通过对焦作市土地生态空间分异类型区及总体空间分异进行分析，市域土地生态质量空间分异特征质量表现在以下几个方面。

(1) 总体来看，市域土地生态质量空间分异大致呈现出"核心-边缘"的空间结构(图 5-8)，即区域土地生态质量由城镇中心向远郊呈上升趋势，空间集聚类型由冷点集聚区向热点集聚区变化，其质量空间分异度值从 -2.00 升到 2.00，而土地生态质量由水库、河流、风景区向城区方向呈下降趋势，空间集聚类型由热点集聚区类型向冷点集聚区变化，其质量空间分异度值从 2.00 降到 -2.00。

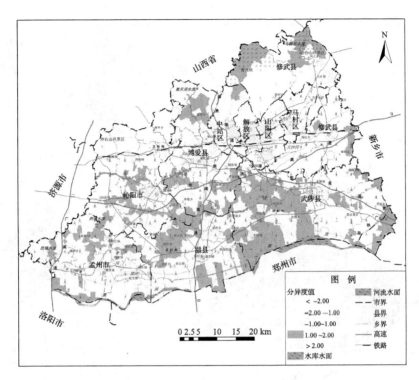

图 5-6 四级土地生态质量空间分异类型区分布图

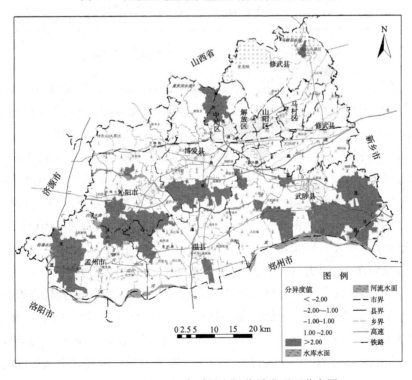

图 5-7 五级土地生态质量空间分异类型区分布图

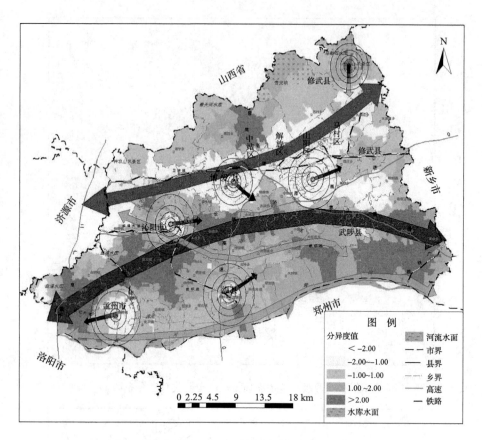

图 5-8 焦作市土地生态质量空间分异图（彩图附后）

（2）焦作市市域土地生态质量空间分异呈现出城区周边土地生态质量显著低值集聚，以冷点集聚区类型为主，而外围远郊各村及水库河流区域的土地生态质量空间分异呈显著高值集聚特征，以热点集聚区类型为主（图 5-8）。焦作市市辖区（包括山阳区、中站区、解放区、马村区）、博爱县、沁阳市、孟州市、温县等城区周边的土地生态质量空间分异呈现显著低值集聚（分异度值低至 −1.0 以下），以该区域为中心向外围延伸的区域，其土地生态质量呈上升趋势；修武县、武陟县两县植被覆盖率较高，旅游业比较发达，注重对土地生态的保护和建设，城区土地生态质量空间分异度指数值高于其他城区（分异度值介于 −1.00～1.00）。

（3）市域局部区域土地生态质量空间分异呈现面状（图 5-9）或条带状（图 5-10）聚集特征。例如，马村区九里山乡辖区分布有众多煤矿，因煤炭开采引起地表沉陷，对土地生态造成一定的破坏，表现为低值集聚区（分异度值低至 −1.00 以下）；高值集聚的区域则多为水库、旅游景点、沟渠、河流等所在地，青天河水库、白墙水库、群英水库等水库，云台山风景区、神农山风景区、青天河风景区等旅游景点因要素聚集程度高（分异度值普遍达到 1.00 以上）而呈面状分布聚集特征；人民胜利渠、黄河、沁河、大沙河等河流

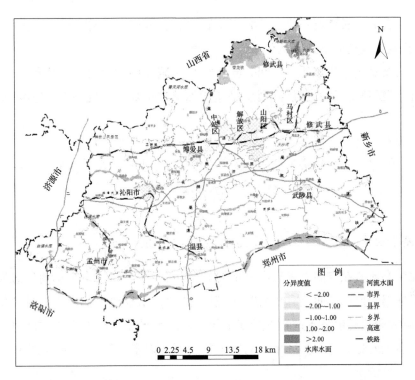

图 5-9 焦作市土地生态质量空间分异面状分布图(彩图附后)

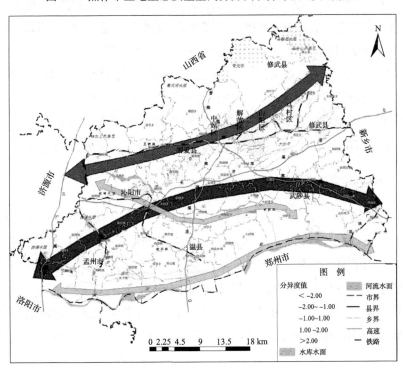

图 5-10 焦作市土地生态质量空间分异条带状分布图

水渠,郑焦晋高速、长济高速、焦克路、新济路、焦枝铁路等道路沿线两侧表现为高聚集区,沿道路或河流走向呈条带状分布。

焦作市市域土地生态质量空间分异特征与区域发展过程中因区位条件、土地生态本底条件、资源环境条件、经济发展水平差异而造成的城乡二元"核心-边缘"结构密切相关。

## 5.2 基于决策树模型的全域土地生态质量空间分异主控因子识别

### 5.2.1 基于决策树模型的全域空间分异主控因子识别方法

土地生态质量在空间上表现出一定的分异,主要原因在于引起土地生态质量变化的评价指标属性值在空间上有较大差异,但不同评价指标对土地生态质量的影响程度不同,也可以说其对生态质量的贡献度不同,因此,全域土地生态质量空间分异主控因子识别本质上就是通过分析区域土地生态质量评价因子对评价结果的贡献度差异,找出主要的评价因子。

目前,用于测算因子贡献度的方法有很多,常见的有控制变量法(蔡艳等,2006)、局部变化率与全部变化率比较法(乔建平等,2008)、变量分离法(吴绍华等,2011)、决策树法等。控制变量法、局部变化率与全部变化率比较法和变量分离法仅能对数值型变量进行分析,无法衡量类型变量;用变化比率法进行比较计算时必须要两期数据。而决策树法既可以评价数值变量对评价结果的相对重要性,也可以评价类型变量对评价结果的相对重要性。在综合比较现有因子贡献度测算方法优缺点的基础上,本书选用决策树方法,对焦作市市域土地生态质量评价选取的评价指标的贡献度进行分析。

#### 1. 决策树模型算法选择

决策树(decision tree)法的主要原理是以已知各种事件发生的概率为基础,建立决策树,求取净现值的期望值大于等于零的概率,从而评价项目风险,该方法是判断其可行性的决策分析方法,也是一种直观运用概率分析的图解法(毛国君,2005)。该方法属于一种预测模型,可以描述对象属性与对象值之间的某种映射关系。

决策树法运用不需要已知很多背景知识,其数据准备和处理也比较简单,而且可以同时处理数据型和常规型属性,在较短的时间内可对大型数据源开展科学的分析(袁琴琴,2006)。

决策树常用算法包括 ID3 算法、C4.5 算法、CART 算法、SLIQ 算法、SPRINT 算法等,其中,应用较为广泛的算法主要有以下 3 种。

1) ID3(iterative dichotomizer 3)算法

ID3(iterative dichotomizer 3)是决策树算法中一种较为经典的方法,根节点被赋予一个最好的属性(Quinlan,1986)。该算法对属性的所有取值都生成相应的分支,在每个分支上又生成对应的新节点。对于如何选取最好的属性标准,ID3 算法通常采用信息增益来确定根节点的测试属性,而信息增益是在信息熵定义基础上的,熵表达的是任意样本集的纯度。ID3 算法的基本过程如下。

用 $S$ 表示包含 $n$ 个样本的数据集合,将样本集合 $S$ 分成 $c$ 个不同的类 $C_i(i=1, 2,\cdots,c)$,每个类 $C_i$ 含有 $n_i$ 个样本,则 $S$ 被划分成 $c$ 个类的信息熵或期望信息,样本集合 $S$ 的期望值计算公式为

$$E(S) = \sum_{i=1}^{c} p_i \log_2 p_i \tag{5-3}$$

式中,$p_i$ 为样本集合 $S$ 中属于第 $i$ 类 $C_i$ 的概率值,即 $p_i = n_i/n$。

如果 $XA$ 表达的是属性 $A$ 所有不同取值的集合,$S_v$ 为样本集合 $S$ 中属性为 $A$(属性值为 $v$)的样本子集,样本子集表达式为 $S_v = \{s \in S \mid A(s) = v\}$,则在选择属性 $A$ 后的每一个分支节点上,对该节点的样本集合 $S_v$ 分类的熵为 $E(S_v)$。

定义 $E(S,A)$ 为每个子集合 $S_v$ 的熵的加权和为选择属性 $A$ 导致的期望熵,则期望熵的表达式为

$$E(S,A) = \sum_{v \in X_a} \frac{|S_v|}{|S|} E(S_v) \tag{5-4}$$

式中,$E(S_v)$ 为 $S_v$ 中样本划分为 $c$ 个类的信息熵;$\frac{|S_v|}{|S|}$ 为 $S_v$ 样本数在原始样本集合 $S$ 的比重。

将属性 $A$ 相对于样本集合 $S$ 的信息增益定义为 $\text{Gain}(S,A)$,其计算公式为

$$\text{Gain}(S,A) = E(S) - E(S,A) \tag{5-5}$$

式中,$\text{Gain}(S,A)$ 为在确定属性 $A$ 的值后导致的熵的期望压缩。将选择信息增益 $\text{Gain}(S,A)$ 最大的属性看作是测试属性。$\text{Gain}(S,A)$ 值越大,则选择测试属性 $A$ 对分类所能提供的信息就越多。

ID3 算法的缺点是属性只能取离散值。

2) C4.5 算法

为了使决策树能够对连续的属性变量进行处理,Quinlan 提出了 C4.5 算法,它是 ID3 的一个扩展算法。该算法提出了信息增益率的概念,具有 ID3 算法的全部功能;其特点是将具有连续属性的值合并;对于具有缺少属性值的训练样本也能够进行处理;使

用不同的修剪技术避免树的过度拟合;具有规则的产生方式;$k$ 交叉验证等。

C4.5 算法采用启发式搜索思想,产生最大信息增益率 GainRatio($A$) 的属性 $A$,并将属性 $A$ 作为扩展属性进行分支,该过程是递归循环进行的,直到无法分裂出新的节点。

信息增益率方法的基本思想是必须选择信息增益好的属性,属性信息增益率计算可采用以下公式:

$$\text{GainRatio}(A) = \frac{\text{Gain}(A)}{\text{Split}(A)} \tag{5-6}$$

式中,Gain($A$) 为属性信息增益值,计算公式为式(5-6);Split($A$) 为分裂信息值,计算公式为

$$\text{Split}(A) = -\sum_{i=1}^{v} \frac{|S_i|}{|S|} \log_2 \left( \frac{|S_i|}{S} \right) \tag{5-7}$$

该方法采用信息增益率表示因分支产生的有用信息的比率,如果该值越大,则分支包含的有用信息就越多。

3) CART 算法

决策树的分类过程就是把训练集分成越来越小的子集的过程(Quinlan,1986)。最理想的分类结果就是将决策树的叶子节点样本标记为同类,在这种情况下,所有的类别被分开,决策树的分支应该停止,但在实际运用中,很难一步就达到目标,因此,决策树的分类过程是一个递归过程。

CART 算法,是目前常用的构建决策树方法(洪家荣等,1995),也是目前唯一的通用树生长算法,基本准则如下。

a. 节点属性选择准则

该准则是使节点的不纯度尽可能地减小。不纯度(impurity)概念是相对于纯度而言的。度量一个节点的不纯度比度量该节点的纯度更方便并更有利于分类,因此选取节点的不纯度作为衡量指标。常用的不纯度度量方法有熵值不纯度、方差不纯度、误分类不纯度等。

(1) 熵值不纯度计算公式为

$$\text{Imp}(N) = -\sum_{j} P(w_j) \log_2 P(w_j) \tag{5-8}$$

式中,$P(w_j)$ 为在节点 $N$ 处属于 $w_j$ 类的样本数占总样本数的比重。如果所有的样本处于同一类别,则不纯度为零,反之,不纯度大于零。

(2) 方差不纯度。一个两类问题的方差不纯度可用下式表示:

$$\text{Imp}(N) = P(w_1) P(w_2) \tag{5-9}$$

在进行多类分布问题分析时,方差不纯度值和两类分布的总体分布方差紧密相关,其计算公式为

$$\mathrm{Imp}(N) = \sum_{i \neq j} P(w_i)P(w_j) = 1 - \sum_j P^2(w_j) \qquad (5\text{-}10)$$

(3) 误分类不纯度。计算公式为

$$\mathrm{Imp}(N) = 1 - \max P(w_j) \qquad (5\text{-}11)$$

该值可以表示节点的样本分类误差的最小概率。

误分类不纯度值的缺点是导数不连续,在连续参数空间内搜索最大值时容易出现问题。依据不纯度选择属性时,过程与 ID3 算法中的最大化信息增益类似,要想使不纯度值下降达到最大,可用以下公式计算:

$$\Delta \mathrm{Imp}(N) = \mathrm{Imp}(N) - P_\mathrm{L} \mathrm{Imp}(N_\mathrm{L}) - P_\mathrm{R} \mathrm{Imp}(N_\mathrm{R}) \qquad (5\text{-}12)$$

式中,$N_\mathrm{L}$ 和 $N_\mathrm{R}$ 为左右子节点;$\mathrm{Imp}(N_\mathrm{L})$ 和 $\mathrm{Imp}(N_\mathrm{R})$ 为相应的不纯度,该方法只能生成一颗二叉树。用于多类问题简单推广的计算公式为

$$\Delta \mathrm{Imp}(S) = \mathrm{Imp}(N) - \sum_{k=1}^{M} P_k \mathrm{Imp}(N_k) \qquad (5\text{-}13)$$

式中,$P_k$ 为分支到节点 $N_k$ 的训练样本所占比例,该值需满足 $\sum_{k=1}^{M} P_k = 1$。$M$ 越大,$\Delta \mathrm{Imp}(N)$ 也越大,该条件下的分类未必更有意义。所以,需要对式(5-13)进行改进:

$$\Delta \mathrm{Imp}M(S) = \frac{\mathrm{Imp}(S)}{-\sum_{k=1}^{M} P_k \log_2 P_k} \qquad (5\text{-}14)$$

该公式为式(5-13)的归一化表达。

b. 分支停止准则

分支停止应以决策树生长停止的时间为基本原则。大多数情况下,部分样本很难从另一类样本中分离出来,因此科学判断决策树生长停止的时间至关重要。目前,判断停止分支的方法有两种:一种是验证和交叉验证技术,即选择部分样本进行训练,用剩余样本进行测试验证,直到验证集的分类误差达到最小化;另一种是通过预先设定不纯度下降差阈值来判断是否停止分支。也就是说,候选的分支使节点不纯度下降差小于设定的阈值时,也即 $\max_s \Delta \mathrm{Imp}M(s) < \mathrm{th}$,应停止分支。

c. 剪枝(pruning)准则

剪枝也属于停止分支的一种方法。该方法策略如下。

(1) 让决策树充分生长,直到叶节点有最小的不纯度值为止。

(2) 考虑是否消去所有相邻的成对叶节点,判断标准是若消除后,不纯度的增长幅

度很小,则执行消去。

可以看出,剪枝的过程也就是节点分支的逆向过程。在样本数量较大的情况下,计算量会非常大,有可能出现无法实现的情况。一般情况下,剪枝方法比分支停止方法更好。

上述3种算法各有优点和适用范围。C4.5算法与ID3算法相比,效率上有了较大提高,除了可直接处理连续型属性外,还允许训练样本集中出现属性空缺的样本,产生的决策树分枝也较少,而CART算法属于大样本统计分析方法,在样本量较大的情况下效率更高。综合比较以上3种方法,根据市域土地生态质量评价指标数量,本书采用CART算法进行研究区全域土地生态主控因子识别研究。

2. 基于CART算法决策树模型的空间分异主控因子识别方法

本书运用决策树CART算法,运用SPSS软件,选取焦作市市域土地生态质量评价结果为因变量,选取的22个土地生态质量评价指标因子作为自变量输入,进行全域土地生态主控因子识别分析。其基本步骤如下。

(1) 对土地生态评价指标体系进行分类,形成两个相互独立的子集。因CART算法的内部结构为分层的二叉树结构,在节点处可通过初步遴选土地生态质量评价因子的最优变量,将样本数据(评价指标体系)分为两个相互独立的子集。

(2) 进行土地生态评价指标(因子)训练和测试。利用其余样本数据(土地生态质量评价指标体系),通过输入变量进行测试,并记录该种子集划分情况下的精度,按照该方式进行连续的迭代分类,直到不能再生成分支为止。

(3) 修剪产生决策法则和分类精度,形成一颗最大的决策树。

(4) 主控因子识别分析。通过输入不同的控制变量(土地生态质量评价指标因子)得到相应决策法则和训练精度,并比较训练精度,对所有变量的贡献度大小进行排序,遴选全域土地生态质量空间分异主控因子。

### 5.2.2 研究区全域土地生态质量空间分异主控因子分析

依据上述决策树模型分析方法,运用SPSS软件,首先将焦作市22个土地生态质量评价指标因子作为自变量输入,利用CART算法计算各土地生态质量评价指标因子影响下的训练精度,然后依次剔除每个评价因子,将剩余的评价因子作为自变量输入,分别得到剔除相应因子后的训练精度,并进行比对分析,计算各生态质量评价指标因子对焦作市全域土地生态质量评价结果的贡献率,具体结果见表5-2,以此为基础识别全域土地生态质量空间分异的主控因子。经分析,焦作市全局土地生态主控因子呈现以下特点。

表 5-2 控制变量下的 CART 模拟精度表

| 变量 | CART 模拟精度/% | 节点数 | 树深 |
| --- | --- | --- | --- |
| 年均降水量 | 91.00 | 38 | 11 |
| 土壤有机质含量 | 90.80 | 39 | 10 |
| 有效土层厚度 | 91.00 | 38 | 11 |
| 坡度 | 90.80 | 39 | 11 |
| 高程 | 91.00 | 38 | 11 |
| 植被覆盖度 | 90.40 | 36 | 11 |
| 植被净初级第一生产力（NPP） | 87.50 | 40 | 9 |
| 类型多样性指数 | 90.20 | 37 | 11 |
| 格局多样性指数 | 90.20 | 38 | 10 |
| 斑块多样性指数 | 90.20 | 39 | 11 |
| 生态连通性 | 91.00 | 38 | 11 |
| 耕地比例 | 91.00 | 38 | 11 |
| 林地比例 | 90.50 | 38 | 11 |
| 水面比例 | 89.40 | 37 | 12 |
| 生态基础设施用地比例 | 89.80 | 36 | 11 |
| 城乡建设用地比例 | 91.00 | 38 | 11 |
| 林网密度 | 89.50 | 38 | 11 |
| 土壤综合污染指数 | 91.00 | 38 | 11 |
| 生态服务价值 | 85.00 | 35 | 10 |
| 土地污染面积比例 | 88.10 | 40 | 12 |
| 人口密度 | 88.90 | 39 | 11 |
| 损毁土地面积比例 | 91.00 | 38 | 11 |
| 全部 | 91.20 | 38 | 11 |

（1）各棵树的节点数和树深相差较小，节点数相差不超过 5 且节点数分布在 35～40，树深相差不超过 3 且分布在 9～12，说明各分类模拟规则的复杂程度差别不大。

（2）生态服务价值评价指标是造成焦作市土地生态质量空间分异的主要原因。在所有评价指标作为自变量输入的条件下，CART 模拟精度为 91.2%。22 个生态因子对于焦作市生态质量贡献度从大到小依次为生态服务价值、NPP、土地污染面积比例、人口密度、水面比例、林网密度、生态基础设施用地比例、类型多样性指数、格局多样性指数、斑块多样性指数、植被覆盖度、林地比例、土壤有机质含量、坡度、有效土层厚度、生态连通性、耕地比例、土壤综合污染指数、年均降水量、高程、损毁土地面积比例、城乡建设用地比例。

当分别剔除有效土层厚度、生态连通性、耕地比例、土壤综合污染指数、年均降水量、高程、损毁土地面积比例、城乡建设用地比例时，CART 的训练精度全部为 91.0%，与不剔除自变量情况下的训练精度相比，降低了 0.2 个百分点，降幅很小，表明这 8 个变量对焦作市土地生态质量空间分异的贡献不大。

当剔除生态服务价值时，训练精度降低 6.2%，表明生态服务价值是影响土地生态质量的主要原因。

其他的主控因子为 NPP、土地污染面积比例、人口密度、水面比例、林网密度和生态基础设施用地比例。

## 5.3 基于主成分分析法的生态质量空间分异类型区主控因子识别

主成分分析法能把原有的多个变量化为少数几个荷载原变量绝大部分信息的综合指标，对于土地生态质量空间分异类型区主控因子识别的适用性较高，因此，本书的研究采用主成分分析法进行各土地生态质量空间分异类型区主控因子的识别。

### 5.3.1 主成分分析法基本原理

主成分分析法是一种降维的统计方法，通过正交变换，把其分量相关的原随机向量转变为与其分量不相关的新的随机向量，在代数上可以表现为将协方差阵变换成对角形阵，在几何上可以表现为原坐标系向新的正交坐标系的转换，使新的随机向量指向样本点散布最开的 $p$ 个正交方向，对多维变量系统进行降维处理，得到一个精度较高的低维变量系统，最后构造适当的价值函数，完成低维系统向一维系统的转换（黄辉玲等，2010）。

### 5.3.2 各土地生态质量空间分异类型区主控因子识别模型构建

（1）各评价单元的土地生态质量评价因子原始数据的标准化。

搜集 $p$ 维随机向量 $x=(x_1,x_2,\cdots,x_p)^T$ $n$ 个样品 $x_i=(x_{i1},x_{i2},\cdots,x_{ip})^T,i=1,2,\cdots,n,n>p$，构造样本阵，对样本阵元，即各评价单元的土地生态质量评价因子进行标准化处理，公式如下：

$$Z_{ij}=\frac{x_{ij}-\overline{x_j}}{s_j},i=1,2,\cdots,n,j=1,2,\cdots,p \tag{5-15}$$

式中，$\overline{x_j}=\frac{\sum\limits_{i=1}^{n}x_{ij}}{n}$；$s_j^2=\frac{\sum\limits_{i=1}^{n}(x_{ij}-\overline{x_j})^2}{n-1}$；$Z$ 为标准化阵。

(2) 求各评价单元的标准化阵 $Z$ 的相关系数矩阵：

$$R = [r_{ij}]_p \times p = \frac{Z^T Z}{n-1} \tag{5-16}$$

式中，$r_{ij} = \dfrac{\sum\limits_{k=1}^{n} Z_{ki} Z_{kj}}{n-1}, i,j = 1,2,\cdots,p, k = 1,2,\cdots,n$。

(3) 解 $R$ 的特征方程 $|R - \lambda I_p| = 0$，可以得到 $p$ 个特征根，并确定主成分。

通过 $\dfrac{\sum_{j=1}^{m} \lambda_j}{\sum_{j=1}^{p} \lambda_j} \geqslant 0.85$ 来确定 $m$ 值，使信息的利用率不低于85%，对每个 $\lambda_j, j=1,2,\cdots,m$，解方程组 $Rb = \lambda_j b$，得到单位特征向量 $b_j$。

(4) 将各评价单元标准化后的指标变量转换为主成分：

$$U_{ij} = z_i^T b_j, j = 1, 2, \cdots, m \tag{5-17}$$

式中，第一主成分为 $U_1$，第二主成分为 $U_2$，…，第 $p$ 主成分为 $U_p$。

(5) 各评价单元的综合评价。

加权求和 $m$ 个主成分能够得到各评价单元的最终评价值，设定各个主成分，即各评价单元的土地生态质量评价因子的方差贡献率为权数。

### 5.3.3 各土地生态质量空间分异类型区主控因子识别技术

本书的各生态空间分异类型区主控因子识别借助 SPSS 软件完成，把各生态质量空间分异类型区对应的评价单元的土地生态质量评价指标值分别输入 SPSS 软件中，以三级土地生态质量空间分异类型区为例，分析结果见表5-3。

表5-3 三级土地生态质量空间分异类型区指标解释的总方差

| 成分 | 解释的总方差 | | |
|---|---|---|---|
| | 合计 | 方差/% | 累积/% |
| 1 | 5.598 | 25.447 | 25.447 |
| 2 | 3.150 | 14.316 | 39.763 |
| 3 | 1.950 | 8.861 | 48.625 |
| 4 | 1.649 | 7.496 | 56.121 |
| 5 | 1.498 | 6.809 | 62.930 |
| 6 | 1.157 | 5.260 | 68.190 |
| 7 | 1.003 | 4.559 | 72.749 |
| 8 | 0.972 | 4.418 | 77.166 |
| 9 | 0.862 | 3.918 | 81.084 |

续表

| 成分 | 解释的总方差 | | |
|---|---|---|---|
| | 合计 | 方差/% | 累积/% |
| 10 | 0.716 | 3.252 | 84.337 |
| 11 | 0.642 | 2.918 | 87.255 |
| 12 | 0.488 | 2.220 | 89.475 |
| 13 | 0.453 | 2.060 | 91.535 |
| 14 | 0.364 | 1.656 | 93.191 |
| 15 | 0.341 | 1.549 | 94.740 |
| 16 | 0.282 | 1.280 | 96.020 |
| 17 | 0.258 | 1.175 | 97.195 |
| 18 | 0.186 | 0.846 | 98.041 |
| 19 | 0.158 | 0.717 | 98.758 |
| 20 | 0.136 | 0.616 | 99.374 |
| 21 | 0.113 | 0.512 | 99.886 |
| 22 | 0.025 | 0.114 | 100.000 |

以方差大于1的成分为主成分,因此取前7个成分为三级生态空间分异类型区的主成分,通过主成分分析计算各主成分中因子得分系数矩阵,见表5-4。

表5-4 三级土地生态质量空间分异类型区成分得分系数矩阵

| | 成分 | | | | | | |
|---|---|---|---|---|---|---|---|
| | 1 | 2 | 3 | 4 | 5 | 6 | 7 |
| 年均降水量 | 0.072 | −0.120 | 0.284 | 0.016 | 0.196 | −0.038 | 0.157 |
| 土壤有机质含量 | −0.034 | 0.211 | −0.057 | −0.169 | 0.038 | −0.182 | −0.037 |
| 有效土层厚度 | 0.134 | 0.019 | −0.121 | 0.099 | −0.114 | −0.018 | 0.023 |
| 坡度 | 0.135 | −0.119 | −0.065 | 0.000 | −0.018 | −0.143 | −0.020 |
| 高程 | 0.150 | −0.102 | −0.067 | 0.008 | −0.053 | −0.100 | −0.099 |
| 植被覆盖度 | 0.044 | 0.083 | 0.131 | 0.009 | 0.209 | 0.588 | −0.155 |
| 类型多样性指数 | −0.097 | −0.196 | −0.089 | −0.096 | −0.013 | 0.148 | −0.112 |
| 植被净初级第一生产力(NPP) | 0.107 | 0.050 | 0.102 | −0.070 | 0.069 | 0.284 | −0.366 |
| 格局多样性指数 | −0.083 | −0.142 | −0.171 | −0.179 | 0.060 | 0.089 | −0.030 |
| 斑块多样性指数 | 0.046 | 0.174 | −0.071 | 0.141 | −0.062 | 0.015 | 0.298 |
| 生态连通性 | 0.033 | 0.246 | 0.061 | 0.128 | 0.029 | 0.086 | −0.062 |
| 耕地比例 | 0.157 | 0.035 | 0.012 | −0.080 | 0.019 | −0.236 | −0.075 |

续表

| | 成分 | | | | | | |
|---|---|---|---|---|---|---|---|
| | 1 | 2 | 3 | 4 | 5 | 6 | 7 |
| 林地比例 | −0.139 | 0.096 | 0.053 | −0.099 | 0.063 | 0.055 | 0.148 |
| 水面比例 | −0.026 | −0.101 | −0.089 | 0.481 | 0.189 | −0.061 | −0.087 |
| 城乡建设用地比例 | −0.063 | 0.131 | 0.000 | 0.060 | 0.314 | −0.436 | −0.086 |
| 生态基础设施用地比例 | −0.097 | −0.064 | −0.105 | 0.390 | 0.074 | 0.063 | −0.159 |
| 林网密度 | −0.013 | −0.157 | 0.259 | −0.151 | 0.317 | −0.155 | 0.053 |
| 土壤综合污染指数 | −0.121 | 0.033 | 0.231 | 0.086 | −0.269 | −0.014 | −0.028 |
| 生态服务价值 | −0.024 | −0.027 | −0.264 | −0.143 | −0.087 | 0.109 | 0.313 |
| 土地污染面积比例 | −0.036 | −0.056 | 0.340 | 0.089 | −0.393 | 0.113 | 0.031 |
| 损毁土地面积比例 | 0.044 | −0.016 | 0.066 | 0.102 | 0.183 | 0.156 | 0.717 |
| 人口密度 | −0.064 | 0.059 | −0.019 | −0.114 | 0.206 | −0.078 | −0.111 |

取每个主成分中因子系数得分最高的因子为主要影响因子,把其作为该主成分的主控因子,则三级土地生态质量空间分异类型区的主控因子为耕地比例、生态连通性、土地污染面积比例、水面比例、林网密度、植被覆盖度、损毁土地面积比例等指标,上述7个评价指标是导致土地生态质量空间分异的主控因子。

如前研究,按土地生态质量空间分异特征,焦作市共划分为5个分异类型区,从一级到五级生态质量递增。由于每个分异类型区所处的空间位置不同,影响其土地生态质量分异的主要因子也必然会有所差异。

按上述步骤研究,将所有评价指标作为输入变量,对各级土地生态质量空间分异类型区进行主成分分析,焦作市各分异类型区的主控因子见表5-5。

表5-5 各级土地生态质量空间分异类型区主控因子表

| 区域划分 | 主控因子 |
|---|---|
| 一级生态空间分异类型区 | 年均降水量、坡度、生态基础设施用地比例、生态服务价值 |
| 二级生态空间分异类型区 | 耕地比例、土壤有机质含量、林网密度、格局多样性指数、损毁土地面积比例 |
| 三级生态空间分异类型区 | 耕地比例、生态连通性、土地污染面积比例、水面比例、林网密度、植被覆盖度、损毁土地面积比例 |
| 四级生态空间分异类型区 | 类型多样性指数、耕地比例、水面比例、年均降水量、格局多样性指数、城乡建设用地比例 |
| 五级生态空间分异类型区 | NPP、水面比例、生态连通性、格局多样性指数、年均降水量、损毁土地面积比例 |

经分析,各生态空间分异类型区主控因子分别如下。

(1)一级土地生态质量空间分异类型区:主控因子为年均降水量、坡度、生态基础设施用地比例、生态服务价值等。

(2) 二级土地生态质量空间分异类型区：耕地比例、土壤有机质含量、林网密度、格局多样性指数、损毁土地面积比例对土地生态质量影响较大，一级和二级生态空间分异类型区主要分布在城镇周边及城乡结合部。该区域已基本实现城镇化，区内人类活动越来越频繁，人为因素对土地利用结构和土地生态的影响不断加大，引起生态用地减少、土壤沙化与土壤肥力下降等一系列土地生态问题。

(3) 三级土地生态质量空间分异类型区：主控因子最多，包括耕地比例、生态连通性、土地污染面积比例、水面比例、林网密度、植被覆盖度、损毁土地面积比例等因子，影响因素复杂，受自然条件和人为活动的双重影响。

(4) 四级土地生态质量空间分异类型区：主控因子包括类型多样性指数、耕地比例、水面比例、年均降水量、格局多样性指数、城乡建设用地比例等。

(5) 五级土地生态质量空间分异类型区：主控因子为 NPP、水面比例、生态连通性、格局多样性指数、年均降水量、损毁土地面积比例等，该区域内城镇化水平较低，植被覆盖度较好，具有生态功能的林地、草地面积比例较大，与其他区域相比，土地生态质量处于较高水平。四级和五级土地生态质量空间分异类型区大部分处于生态保护区范围内，林地面积大，且受人为活动影响较小，因此其主控因子以自然因素为主。

## 5.4 本章小结

本章在焦作市市域土地生态质量评价的基础上，运用热点分析模型，对市域土地生态质量空间分异特征进行了研究；利用决策树算法和主成分分析法的数学模型，从全域和各土地生态质量空间分异类型区两方面，对引起土地生态质量空间分异的主控因子进行了识别。

研究结果表明，焦作市市域土地生态质量空间分异大致呈现出"核心-边缘"结构，生态服务价值是引起空间分异的主控因子。各土地生态质量空间分异类型区的主控因子分析表明，不同分异类型区的主控因子各有差异，其分异特征也不尽相同。

# 第6章 土地生态管护分区及调控

土地生态管控分区是维护和实现土地可持续利用、调控土地利用的有效方式,本章在土地生态质量评价的基础上进行土地生态管护分区研究,通过管护分区,为区域土地生态建设的宏观调控与精细化管理提供科学依据。

## 6.1 土地生态管护分区及调控概述

### 6.1.1 土地生态管护分区的目的意义

当前,我国国土资源管理模式已从传统的"数量、质量管理"转变为"数量管控、质量管理、生态管护"三位一体的综合管控模式,而土地生态管护分区是实现土地生态质量"数量管控、质量管理、生态管护"三位一体的综合管控的有效途径。

土地生态管护分区及调控是在全面分析区域土地生态现状、土地生态质量特点,理清区域土地资源的"数量、质量"生态状况的基础上开展土地生态质量定量评价的,并对区域土地生态质量进行分区,分区制定相应的调控政策和措施,规范人类的土地利用活动与行为方式,优化土地生态系统结构,维持土地生态系统功能,在保护土地生态系统持续、协调发展的前提下,提高土地利用的社会效益、经济效益及生态效益,从而实现土地生态质量的良性发展。

土地生态管护分区及调控对于提升区域土地生态建设调控能力、促进区域土地资源高效集约持续利用、实现区域土地生态建设的宏观调控与精细化管理、提高土地生态安全保障能力、构建绿色空间格局、加快土地生态文明建设等具有重要的理论和现实意义。

### 6.1.2 土地生态管护分区的基本原则

如前所述,土地生态管护分区是依据区域土地利用现状特点、自然资源、生态环境、经济社会条件及区域发展战略等因素,在区域土地利用过程中,按照区域土地生态质量状况和条件的差异性和相似性所进行的综合性划分,其为土地生态建设宏观调控和精细化管理提供决策依据。因此,分区应遵循以下原则。

1）综合分析与主导因素相结合原则

由于影响土地生态分区的因素较多,各个因素对土地生态的影响方式和影响程度不尽相同。因此,在分析各主要因素对土地生态管护分区的影响时,应突出影响区域土地生态主导因素的相似性,即将主导影响因素相似的区域划为一个区,主导因素不同的区域划为不同的区。

2）区域土地生态管护问题原则

由于土地生态管护分区是为后续的土地科学、合理、生态利用服务的,因而土地生态管护分区必须充分体现不同研究区域发展战略对土地利用和生态的要求,统筹区域土地利用中出现的生态问题,尤其要体现研究区域的重大发展战略、土地利用主导方向、主要用地控制指标、生态环境保护要求等。

3）行政区划相对完整性原则

目前,我国土地资源管理与调控主要以省、市、县、乡、村等行政区为单位进行,土地利用与管理的相关指标数据主要以行政区为基本调查和统计单位进行统计、整理、分析和比较。因此,在进行土地生态管护分区时,为进一步提高土地生态管护分区的精细化和可持续性需要,原则上不打破村级行政区界线。

4）突出土地生态和管护相似性原则

土地生态管护分区的根本目的是加强对土地的精细化管理,提高区域土地利用的经济、社会、生态效益及其综合效益。因此,在土地生态管护分区过程中,需体现区域土地利用过程中的土地生态问题、土地生态调控策略和管护措施的相对一致性。

## 6.1.3 土地生态管护分区的基本过程

土地生态管护分区是一项科学工作,设计一套科学、严谨的土地生态管护分区流程是保障土地生态管护分区结果科学、可行的前提和基础。按照土地生态管护分区的基本原则,一般来说,土地生态管护分区的基本过程如下:

(1) 土地生态管护分区准备工作阶段;
(2) 确定土地生态管护分区单元;
(3) 构建土地生态管护分区模型;
(4) 实地踏勘验证土地生态管护分区结果并进行相应调整;
(5) 确定土地生态管护分区并进行调控。

## 6.2 基于聚类分析法的土地生态管护分区模型构建

当前,关于土地分区的方法有图件叠置法、主导因素法、指标体系法、综合分析法、星座图法、聚类分析法等。其中,聚类分析法的基本原理是"物以类聚",是对研究对象进行客观的定量分类,并根据指标本身的自然属性和社会属性,用数学模型方法定量地确定指标间的亲疏远近关系,将其中具有较大相似程度的指标集合为一类的多元统计分析方法(鲁红英等,2014)。聚类分析方法的优点是不需要给定分类的标准和类别数,只需要从数据自身出发,通过客观的比较进行分类(赵荣钦等,2010);聚类分析法适用于没有分类经验事物的归类,只是通过数量统计方法,客观地形成一个分类体系而不需要事先知道分类对象有多少类;聚类分析法的原则是同一类中各样本之间具有较大的相似性,而不同类中各样本之间差异很大。因此,在研究中采用聚类分析法进行土地生态管护分区。

### 6.2.1 聚类分析法基本原理

聚类分析是研究事物分类的多元统计方法,其基本思想是认为研究的样本或者指标(变量)之间存在着不同程度的相似性(亲疏关系)。该方法通过对样本集多个观测指标的分析,找出能够度量样本或者指标之间相似程度的统计量,以这些统计量为划分类型的依据,把相似程度较大的样本(或指标)聚合为一类,把另一些彼此之间相似程度较大的样本又聚合为另一类,关系密切的聚合到一个小的分类单位,关系疏远的聚合到一个大的分类单位,直到将所有的样本聚合完毕,把不同的类型一一划出,形成一个由小到大的分类系统(邓维斌等,2012)。

聚类分析的基本过程为先将待聚类的 $N$ 个样本(或指标)各自看成一类,共有 $N$ 类;然后,按照事先选定的方法计算每两类之间的聚类统计量,即某种距离(或相似系数),将关系最为密切的两类合为一类,其余不变,即得到 $N-1$ 类;再按照前述方法计算新类与其他类之间的距离(或相似系数),将关系最为密切的两类合为一类,其余不变,即得到 $N-2$ 类;如此往复,每次计算都减少 类,直到最后所有的样本(或指标)都归为一类为止(雷静,2014)。

分析样本间距离的计算方法有欧氏距离、欧氏平方距离、余弦距离、皮尔逊相关性距离、切比雪夫距离、Block 距离、明科斯基距离、幂距离等。其中,欧氏距离计算简便、结果易得,并且保留了指标的性状数据,因此研究中采用欧式距离数学模型进行聚类分析。

### 6.2.2 土地生态质量管护分区模型构建

聚类分析法对于一些没有分类标准的事物,分类过程容易变得随意,分类结果也容易变得主观,可通过制定比较完善的分类变量得到较为科学合理的分区方案。为了保证土地生态管护分区的科学性与适用性,使分区结果能够反映区域土地生态状况差异和管护调控方向的一致性,研究采用专家经验法与基于 SPSS 和 GIS 聚类分析模型相结合的方法进行土地生态质量管护分区(卓仁贵等,2009)。其具体步骤如下(图 6-1)。

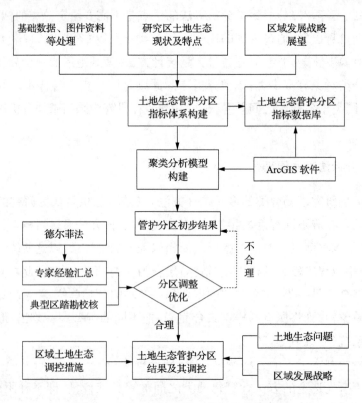

图 6-1 土地生态管护分区模型构建流程图

1) 土地生态管护分区准备工作

根据土地生态管护分区的目的和需要,收集研究区域的土壤图、地形图、遥感影像图、土地利用规划图等基础图件,社会经济数据、区域发展战略等资料,并研究分析研究区域的土地生态现状问题及其特征。

2) 土地生态管护分区指标体系构建

由于土地生态质量差异是土地固有的属性,且土地生态禀赋条件不同,土地利用对土地生态质量的影响也不尽相同,因此,定量方法是一种行之有效、切实可行的进行土地生态管护分区的方法。定量方法是以指标数据为基础的方法,土地生态管护分区指标体系是土地生态管护分区的准绳和土地生态管护区域分异的基本依据。

研究遴选土地生态管护分区指标时,要从易于量化、概念清晰出发,综合考虑研究区域土地生态问题与特征、自然资源禀赋、社会经济发展状况、区域发展规划战略,以及土地利用规划等因素。

本书的研究既要综合反映区域自然资源特征、生态环境状况、社会经济条件、区域发展战略等因素的主导作用,又要反映区域土地生态管护构成因素的综合特征,而且还要从区域土地生态管护的差异性和归并性的要求角度出发。以土地生态管护评估值、景观生态、土地利用规划空间管制,以及区域发展等因素为基础,构建市域土地生态管护分区的指标体系,共选取 14 个指标,具体见表 6-1。

表 6-1 土地生态管护分区指标体系表

| 序号 | 分区指标 | 单位 |
|---|---|---|
| $X_1$ | 生态本底指数 | — |
| $X_2$ | 生态结构指数 | — |
| $X_3$ | 生态效益指数 | — |
| $X_4$ | 生态胁迫指数 | — |
| $X_5$ | NPP | $kg/(m^2 \cdot a)$ |
| $X_6$ | 植被覆盖度 | % |
| $X_7$ | 类型多样性指数 | — |
| $X_8$ | 生态连通性 | — |
| $X_9$ | 城乡建设用地比例 | % |
| $X_{10}$ | 生态服务价值 | $元/(hm^2 \cdot a)$ |
| $X_{11}$ | 人口密度 | 人/$km^2$ |
| $X_{12}$ | 土地污染面积比例 | % |
| $X_{13}$ | 区位条件 | — |
| $X_{14}$ | 土地利用空间管制分区 | — |

注:"—"表示没有单位。

3) 评价指标数据标准化处理

由于土地生态管护分区指标体系中各个指标的量纲和指标的作用方向不同,既有正向指标,又有负向指标,因此需要对评价指标数据进行标准化处理,使各个指标的极性一致。指标的标准化公式如下。

对于指标数值越大越好的指标(正向指标):

$$X_{ij} = x_{ij}/\max(x_{ij}) \tag{6-1}$$

对于指标数值越小越好的指标(负向指标):

$$X_{ij} = \min(x_{ij})/x_{ij} \tag{6-2}$$

式中,$X_{ij}$ 为标准化后的标准值;$x_{ij}$ 为指标的原始值;$\max(x_{ij})$ 为标准化前某项指标的最大值;$\min(x_{ij})$ 为标准化前某项指标的最小值。

4) 基于聚类分析和 GIS 相结合的土地生态管护分区模型

(1) 分区单元间生态相似性系数计算。采用欧氏距离法测算研究区域土地生态管护分区单元间相似性系数,并按照一定的阈值标准,根据相似性系数最大化原则,将土地生态最为相似的两个单元归为一类区。假设研究区土地生态管护分区指标个数为 $n$ 个,相似性系数的计算公式如下:

$$R(ij) = \sqrt{\frac{1}{n}\sum_{k=1}^{n}[X(ik) - X(jk)]^2} \tag{6-3}$$

式中,$R(ij)$ 为土地生态 $i$ 单元与 $j$ 单元的相似性系数;$X(ik)$ 为 $i$ 单元第 $k$ 项的分区指标值;$X(jk)$ 为 $j$ 单元第 $k$ 项的分区指标值。

(2) 合并后分区单元或类型区与未合并分区单元或类型区相似性系数计算。研究采用类平均法计算。类平均法的原理是用两类的各样本间距离的平均值表示。将第一步中土地生态最为相似的两单元 $Ga$、$Gb$ 归并为类型区 $Gd$,则 $Gd$ 与其他单元或类型区 $Gk$ 土地生态相似性系数 $R(dk)$ 的计算公式如下:

$$R(dk) = \sqrt{\frac{n_1}{n_3}[R(ak)]^2 + \frac{n_2}{n_3}[R(bk)]^2} \tag{6-4}$$

式中,$R(ak)$ 为 $Ga$ 单元与 $Gk$ 单元或类型区土地生态相似性系数;$R(bk)$ 为 $Gb$ 单元与 $Gk$ 单元或类型区土地生态相似性系数;$n_1$、$n_2$、$n_3$ 分别为 $Ga$、$Gb$、$Gd$ 所含的单元数。

(3) 按照上述方法对单元和类型区进行进一步归并,直至将研究区域的所有单元归并为同一个大的类型区域。按照土地生态相似性系数确定适宜的一定阈值标准,基于 GIS 进行初步分区。

5) 土地生态管护初步分区分析与验证

对土地生态管护初步分区结果进行甄别与分析,邀请相关领域专家,采用德尔菲法对分析评价分区结果进行评价,选取典型区域对土地生态管护初步分区结果进行实地踏勘验证。

6) 确定土地生态管护分区

根据初步分区结果,在典型区域实地踏勘的基础上,依据德尔菲法汇总专家意见,遵循区域整体性、差异性及可操作性原则,结合土地生态现状问题及分区的地理位置关系,对初步分区进行调整和优化,最终确定土地生态管护分区。在土地生态管护分区的基础上,根据各土地生态管护分区的生态问题,分区提出加强土地生态建设的调控策略和管护建议。

## 6.3 焦作市土地生态管护分区及调控

根据表 6-1 建立土地生态管护分区指标和土地生态管护分区流程(图 6-1)对焦作市土地生态管护分区进行研究。

### 6.3.1 焦作市土地生态管护分区

**1. 焦作市土地生态管护分区数据库建立**

采用极值法[式(6-1)和式(6-2)]对土地生态管护分区指标进行标准化处理,其中 $A_9$、$A_{11}$、$A_{12}$ 作为负向指标进行标准化,其他指标作为正向指标进行标准化,标准化后各个指标的单位一致。焦作市分区单元的指标标准化值见表 6-2。

**2. 土地生态管护分区单元与类型区相似性系数测算**

根据前述方法,计算焦作市各分区单元之间的相似性系数,并以相似性系数最大化为原则,将土地生态最为相似的两个单元归为一类区。采用类平均法继续计算合并后的分区单元与未合并的相似性系数,直至将全市的所有分区单元归并为几个大的类型区域(表 6-3),在研究中选取了 4~7 个类型区域作为土地生态管护分区的初步分区结果(图 6-2),并结合区域位置管控方向、生态问题等因素对分区结果进行了命名。

表 6-2 土地生态管护分区标准化数据

| 序号 | 行政单位 | $X_1$ | $X_2$ | $X_3$ | $X_4$ | $X_5$ | $X_6$ | $X_7$ | $X_8$ | $X_9$ | $X_{10}$ | $X_{11}$ | $X_{12}$ | $X_{13}$ |
|---|---|---|---|---|---|---|---|---|---|---|---|---|---|---|
| 1 | 上白作村 | 0.14 | 0.11 | 0.02 | 0.17 | 0.00 | 0.40 | 0.59 | 0.99 | 0.81 | 0.11 | 0.53 | 1.00 | 1.00 |
| 2 | 洪河村 | 0.14 | 0.17 | 0.02 | 0.19 | 0.02 | 0.60 | 0.60 | 1.00 | 0.93 | 0.10 | 0.94 | 1.00 | 1.00 |
| 3 | 龙寺村 | 0.13 | 0.17 | 0.02 | 0.18 | 0.00 | 0.40 | 0.93 | 0.99 | 0.88 | 0.09 | 0.75 | 1.00 | 1.00 |
| 4 | 闫河村 | 0.13 | 0.13 | 0.02 | 0.17 | 0.00 | 0.40 | 0.78 | 0.99 | 0.77 | 0.11 | 0.56 | 1.00 | 1.00 |
| 5 | 狮涧村 | 0.11 | 0.15 | 0.02 | 0.18 | 0.00 | 0.40 | 0.84 | 0.99 | 0.70 | 0.12 | 0.49 | 1.00 | 1.00 |
| 6 | 老牛河村 | 0.14 | 0.16 | 0.01 | 0.18 | 0.00 | 0.40 | 0.86 | 0.99 | 0.88 | 0.10 | 0.83 | 1.00 | 1.00 |
| 7 | 春林村 | 0.12 | 0.15 | 0.01 | 0.19 | 0.00 | 0.40 | 0.94 | 0.99 | 0.75 | 0.08 | 0.85 | 1.00 | 1.00 |
| 8 | 田涧村 | 0.14 | 0.13 | 0.01 | 0.17 | 0.00 | 0.40 | 0.77 | 0.99 | 0.83 | 0.07 | 0.42 | 1.00 | 1.00 |
| ⋮ | ⋮ | ⋮ | ⋮ | ⋮ | ⋮ | ⋮ | ⋮ | ⋮ | ⋮ | ⋮ | ⋮ | ⋮ | ⋮ | ⋮ |

续表

| 序号 | 行政单位 | $X_1$ | $X_2$ | $X_3$ | $X_4$ | $X_5$ | $X_6$ | $X_7$ | $X_8$ | $X_9$ | $X_{10}$ | $X_{11}$ | $X_{12}$ | $X_{13}$ |
|---|---|---|---|---|---|---|---|---|---|---|---|---|---|---|
| 1884 | 小石庄村 | 0.15 | 0.15 | 0.01 | 0.18 | 0.00 | 0.40 | 0.72 | 0.99 | 0.77 | 0.04 | 0.67 | 1.00 | 0.30 |
| 1885 | 寨上庄村 | 0.17 | 0.17 | 0.01 | 0.19 | 0.31 | 0.40 | 0.90 | 0.99 | 0.81 | 0.07 | 0.99 | 1.00 | 0.30 |
| 1886 | 耿沟村 | 0.14 | 0.16 | 0.01 | 0.19 | 0.00 | 0.20 | 0.68 | 0.99 | 0.89 | 0.05 | 0.96 | 1.00 | 0.30 |
| 1887 | 卫山村 | 0.20 | 0.16 | 0.01 | 0.18 | 0.63 | 0.40 | 0.79 | 0.99 | 0.80 | 0.05 | 0.79 | 1.00 | 0.30 |
| 1888 | 芹菜沟村 | 0.17 | 0.17 | 0.01 | 0.19 | 0.35 | 0.40 | 0.72 | 0.99 | 0.80 | 0.07 | 0.97 | 1.00 | 0.30 |
| 1889 | 西坡村 | 0.16 | 0.17 | 0.01 | 0.19 | 0.65 | 0.40 | 0.69 | 0.99 | 0.88 | 0.05 | 0.92 | 1.00 | 0.30 |
| 1890 | 马吉岭村 | 0.19 | 0.16 | 0.03 | 0.19 | 0.85 | 0.20 | 0.85 | 0.99 | 0.93 | 0.16 | 0.98 | 1.00 | 0.30 |

表 6-3 聚类表

| 阶 | 群集组合 | | 系数 | 首次出现阶群集 | | 下一阶 |
|---|---|---|---|---|---|---|
| | 群集1 | 群集2 | | 群集1 | 群集2 | |
| 1 | 715 | 746 | 0.0001 | 0 | 0 | 139 |
| 2 | 1584 | 1585 | 0.0002 | 0 | 0 | 12 |
| 3 | 611 | 656 | 0.0002 | 0 | 0 | 118 |
| 4 | 1563 | 1601 | 0.0002 | 0 | 0 | 24 |
| 5 | 1345 | 1557 | 0.0003 | 0 | 0 | 80 |
| 6 | 1042 | 1107 | 0.0003 | 0 | 0 | 582 |
| 7 | 1730 | 1736 | 0.0003 | 0 | 0 | 206 |
| 8 | 1059 | 1178 | 0.0003 | 0 | 0 | 75 |
| 9 | 635 | 1291 | 0.0004 | 0 | 0 | 87 |
| 10 | 1798 | 1817 | 0.0004 | 0 | 0 | 558 |
| ⋮ | ⋮ | ⋮ | ⋮ | ⋮ | ⋮ | ⋮ |
| 1882 | 15 | 25 | 0.8601 | 1877 | 1701 | 1889 |
| 1883 | 144 | 1020 | 0.8861 | 1863 | 1876 | 1887 |
| 1884 | 1 | 435 | 0.8924 | 1878 | 1874 | 1885 |
| 1885 | 1 | 12 | 1.1054 | 1884 | 1881 | 1886 |
| 1886 | 1 | 61 | 1.1895 | 1885 | 1879 | 1887 |
| 1887 | 1 | 144 | 1.3468 | 1886 | 1883 | 1888 |
| 1888 | 1 | 1846 | 1.5696 | 1887 | 0 | 1889 |
| 1889 | 1 | 15 | 1.7139 | 1888 | 1882 | 0 |

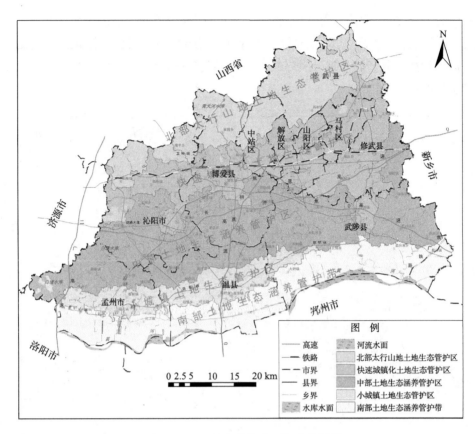

图 6-2 土地生态管护分区初步结果图

3. 土地生态管控分区结果优化及调整

邀请土地利用规划、生态环境、农业、城市规划等相关领域且对焦作市情况比较熟悉的专家,采用背靠背的方式,对初步的分区结果进行分析评价及甄别,对不合适的区域,以及专家有疑问的区域进行实地踏勘验证,优化调整土地生态管护分区结果。

其中,根据专家建议和实地踏勘结果,以保持土地生态管护分区的集中连片性为原则,将修武县岸上乡金岭坡林场、中站区东王封村、博爱县月山镇月山林场等调整到太行山地土地生态管护区;将沁阳市柏香镇西乡村、上辇村、南东村、南西村、高村、新村,马村区九里山区土门掌村,马村区五里源乡马坊村等调整到城乡一体化土地生态管护区;将孟州市槐树乡贾庄、源沟、祝庄、北沟头村、焦庄等调整到平原土地生态涵养管护区;将孟州市城关镇斗鸡台村调整为沿黄土地生态涵养管护区。

4. 焦作市土地生态管护分区确定

根据各个分区的地形地貌、自然条件、区位条件、经济社会发展水平及土地生态特点等,结合专家建议,对生态管护划分和分区名称进行了修改,最终将焦作市土地生态管护分区调整为5个类型区,即太行山地土地生态管护区、城乡一体化土地生态管护区、平原土地生态涵养管护区、小城镇土地生态管护区、沿黄土地生态涵养管护区,具体分区结果如图6-3所示。

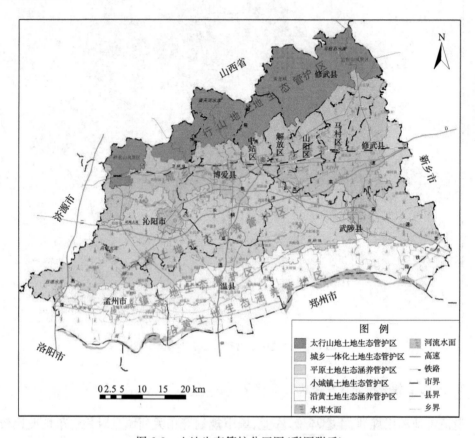

图6-3 土地生态管护分区图(彩图附后)

经分析,太行山地土地生态管护区主要分布在焦作市北部区域,该区土地面积占焦作市土地总面积的16.59%;城乡一体化土地生态管护区位于焦作市中部,是焦作市城镇化水平较高的区域,该区土地面积占焦作市土地总面积的24.74%;平原土地生态涵养管护区位于焦作市中南部,也是焦作市主要的粮食产区,该区土地面积占焦作市土地总面积的33.13%;小城镇土地生态管护区位于焦作市西南部,该区土地面积占焦作市土地总面积的8.28%;沿黄土地生态涵养管护区主要分布于黄河北岸区域,该区土地面积占焦作市土地总面积的17.26%(图6-3和表6-4)。

### 6.3.2 太行山地土地生态管护区调控对策与建议

**1. 范围**

该区主要包括修武县(岸上乡,西村乡,方庄镇里窑村、外窑村、佐眼村、西涧村及东北部的韩庄村等行政村);博爱县(寨豁乡);沁阳市(常平乡,西向镇行口村,紫陵镇西紫陵村、紫陵村、赵寨村);中站区(龙翔街道办事处,许衡街道办事处新庄村),共109个分区单元,面积约为659.00km²,占焦作市土地总面积的16.59%。

表6-4 土地生态管护分区面积统计表

| 分区名称 | 单元数/个 | 面积/km² | 占土地总面积比重/% | 范围 |
| --- | --- | --- | --- | --- |
| 太行山地土地生态管护区 | 109 | 659.00 | 16.59 | 修武县(岸上乡,西村乡,方庄镇的里窑村、外窑村、佐眼村、西涧村及东北部的韩庄村等村);博爱县(寨豁乡);沁阳市(常平乡,西向镇行口村,紫陵镇西紫陵村、紫陵村、赵寨村等);中站区(龙翔街道办事处,许衡街道办事处新庄村) |
| 城乡一体化土地生态管护区 | 535 | 983.14 | 24.74 | 修武县(五里源乡,城关镇,高村乡,周庄乡,郇封镇大纸坊村、田庄村、陈村、焦庄村、西常村等);武陟县(谢旗营镇蒯村、兰封村、辛杨村等);马村区;山阳区;解放区;中站区(除龙翔街道办事处及新庄村外);博爱县(刘路村、寨卜昌村、前李村等);沁阳市(虎村、逍遥村、水黄头村、宋寨村、东宜作村等) |
| 平原土地生态涵养管护区 | 768 | 1316.43 | 33.13 | 修武县(郇封镇郇封村、后雁门村、军庄村等,高村乡刘范村、南霍村等);武陟县(谢旗营镇,圪垱店乡,乔庙乡除詹堤村外,嘉应观乡西北部的东水寨村、北贾村等,北郭乡赵马蓬村、岳马蓬村等,大虹桥乡北部西文村、曲village等,西陶镇张武村、东张计村、王顺村等);山阳区(李万街道办事处南张村、西大寨村等);博爱县(阳庙镇,苏家作乡除寨卜昌村等,金城乡,孝敬镇,清化镇前莎庄村、太子庄村等,磨头镇除西北部的崔庄村、际西村、际东村等);沁阳市(西向镇南部的北鲁村、清河村等,柏香镇东部的南王村、小位村等,崇义镇);温县(北冷乡北冷村、东周村等,黄庄镇东韩村、西韩村、康庄村及北部的东留村、米庄村等,番田镇中北部的前北马村、南镇村等);孟州市(城伯镇张庄村、子昌村、岳师村及北部的赵庄村等,谷旦镇除卢桑楼村与堰底村外,赵和镇东小仇村、西小仇村等,槐树乡刘庄村、涧东北部及古周城村等) |

续表

| 分区名称 | 单元数/个 | 面积/km² | 占土地总面积比重/% | 范围 |
| --- | --- | --- | --- | --- |
| 小城镇土地生态管护区 | 241 | 329.09 | 8.28 | 孟州市(槐树乡西孟庄村、汤庙村等,赵和镇上寨村、仇庄村、雷圪塔村等,谷旦镇堰底村、卢桑楼村,河雍街道办事处,城伯镇南部的城伯村、中村等,南庄镇张庄村、南社村、上口村等);温县(番田镇南部的余村、王张伦村等,岳村乡北部的东坡村、边沟村等,温县建成区,温泉镇北部的张圪垱村、前上作村等,南张羌镇段沟村、朱沟村等,赵堡镇北部的赵堡村、南孟封村等,北冷乡南部的许北张村、西南冷村等,武德镇南部的西张相村、宋庄村等);武陟县(西陶镇西南部的大南张村、郭庄村等,大封镇北部的南催庄村、老催庄村等,大虹桥乡中部的东温村、赵北古村等) |
| 沿黄土地生态涵养管护区 | 237 | 685.59 | 17.26 | 武陟县(詹店镇,嘉应观乡南贾村、东后庄村、吴小营村、杨庄村等,北郭乡李后庄村、小司马村、南古岗村等及其南部区域各行政村,大虹桥乡南部的原北古村、中后村等,大封镇东唐郭村、西唐郭村、驾部五村及小孔村、孟门村等);温县(赵堡镇南部的陈新庄村、辛堂村等南部区域,南张羌镇陆庄村、卫沟村等,温泉镇滩王庄村、张庄村等,岳村乡西坡村、贺村等,祥云镇南部的王羊店村等,招贤乡古城村等);孟州市(南庄镇下官村、上官村等,大定街道办事处北开仪村、陈湾村,会昌街道办事处廉桥村、冯园村,西虢镇韩庄村、湾村等) |

2. 土地生态问题与调控方向

该区位于焦作市北部,地貌类型为丘陵山地,且山势陡峭、坡度较大,在植被稀疏和该区域农林交错区域,水土流失较为严重。

对于土地开发利用与生态建设,应大力发展水土保持,加大焦作市南太行山的绿化工程建设投入,构筑豫西北部的生态屏障,建立林木和自然风景保护区。

3. 土地生态调控策略与管护建议

(1)严格控制该区域的土地开发利用强度,着力修复生态、保护环境,增强生态功能区水源涵养、水土保持、生物多样性维护等。加强对土地生态空间的保护与修复,实施太行山北部山前绿色生态屏障、水土保持、封山育林等重大生态修复工程,在月山矿山公园,演马矿、九里山矿、冯营矿、古汉山矿、演马庄矿亮马村采煤沉陷区,九里山、山后废弃采石场等区域,全面实施植被修复工程和沉陷区治理工程,做好浅山区域的植被修复,恢复矿区生态。增强土地生态生产能力,保护土地生态环境的多样性。

(2) 实行生态环境保护优先的集中式新型城镇化发展战略,引导太行山区生态脆弱区人口有序转移,将易地扶贫、生态移民及村庄整合等综合起来,建设新农村与新型农民社区,逐步适度减少农村居住空间。

(3) 重点保障旅游、特色农林产品加工等生态友好型产业发展空间需求,协调区域内矿产勘查开采与生态环境保护的空间关系,实现矿产开发与生态环境的协调发展。在北部山区龙翔街道办事处桑园、十二会村、栗井等地区及位于浅山区的许衡街道办事处新庄、王庄进行生态公益林保护,巩固和保护现有绿化造林成果,重点营造水源涵养林、水土保持林、名优特新经济林、生态能源林等,同时加强中幼林抚育,低质、低效林改造等森林经营管理。

(4) 科学保障资源型产业转型的发展需求,加快利用先进技术提升资源性产业,大力发展循环经济,提高资源型产业和高新技术产业发展水平,扩大规模,延伸产业链条。

(5) 加强自然景观和景区生态环境保护,提高猕猴国家级自然保护区的建设质量和管理水平,加强对云台山、青龙峡和峰林峡等风景区生态环境的保护力度。

(6) 严格保护太行山前平原农业发展空间,巩固提升农产品综合产能,推进农业结构战略性调整;稳定豫北太行丘陵区生态农业空间,因地制宜地发展畜牧养殖、花卉等特色高效农业,提升农业产业化经营水平。

### 6.3.3 城乡一体化土地生态管护区调控对策与建议

1. 范围

该区主要包括修武县(五里源乡,城关镇,高村乡,周庄乡,郇封镇大纸坊村、田庄村、陈村、焦庄村、西常村、东常村、中常村、前雁门村、南柳村、古庄村、雪庄村);武陟县(谢旗营镇蒯村、兰封村、辛杨村,县城建成区,龙湖镇);马村区;山阳区;解放区;中站区(除龙翔街道办事处及新庄村外);博爱县(寨豁乡下岭后村、桥沟村,柏山镇,月山镇,许良镇,建成区,苏家作乡侯卜昌村、刘路村、寨卜昌村、清化镇北部西关村、后莎庄村、小中里村等行政村,磨头镇前牛庄村、胭粉庄村及西北部的北十字村、前李村等);沁阳市(西万镇,西向镇虎村、逍遥村及南部捏掌村、西向二街村、水黄头村等,紫陵镇南部的王庄村、长沟村、范村等,柏香镇西北部伏背村、葛后村、西庄村、北寻村等,沁阳市建成区),共 535 个分区单元,面积约为 983.14km²,占焦作市土地总面积的 24.74%。

2. 土地生态问题与调控方向

该区位于太行山前倾斜平原,处于山地、低丘向平原过渡地带,地势较为平坦,土地利用程度较高,存在土地塌陷、土地挖损、土地污染等土地生态问题。

该区是焦作市新型城镇化、新型工业化的重点推进区和农业现代化发展与城乡一体化的先行区,城镇人口和产业密集,是全市重要的先进制造业、现代服务业和旅游业基地,也是全市发展的重要增长极。对于该区域土地开发利用和生态建设,应结合城市转型发展,积极发展低碳产业,大力推广清洁生产,发展循环经济。同时,结合矿山生态环境的恢复治理方法,采取工程、生物等措施,对采煤塌陷、挖损和粉煤灰等压占的土地进行复垦,改善生态环境,促进城市的经济产业结构调整升级,以及城乡一体化的持续健康发展。

3. 土地生态调控策略与管护建议

(1) 实施市中心城区带动和集聚化土地生态利用开发战略,积极引导人口和产业向市区和区域中心组团集聚,推进城乡一体化发展建设,构建一核、四组团、八个功能区的三个空间层次布局。加快推进四组团集聚核心功能区建设,大力推行城乡一体化发展示范区建设,促进城市经济转型发展。

(2) 重点发展新兴产业和高端制造业。以焦作市"两纵两横"的高速公路网和"六纵五横"的干线公路网等重要交通干线为纽带,整合区域资源,加快产业融合,推动优势产业向基地化、园区化和集群化方向发展。

(3) 加快推进城中村改造步伐,利用好城中村改造优惠政策,积极稳妥地推进新型农村社区建设和旧村庄整治复垦,进一步整合土地资源,扩大发展空间,优化城乡建设用地结构和布局,建设焦作市城乡一体化的先行区。

(4) 以"两区"(山区、平原区)、两点(城市、村镇)、一网络(生态廊道网络)构筑点线面相结合的综合生态体系。根据区域人口和产业集聚状况,合理适度地拓展城镇建设空间、确保农业发展空间、优化土地生态空间和提升土地生态安全利用的效率和效益。

(5) 根据工业立市的思想,发挥中心城区职能,扩大中心城区综合效应,形成辐射带动作用,加速实施"腾笼换鸟""退二进三"的产业布局调整,助力经济提质增效。以焦作市城乡一体化示范区建设为契机,优先发展先进装备制造、电子信息、新材料三大主导产业,推行"一区多园"的发展模式。

(6) 在平原区府城街道办事处南敬村、北敬村、小尚村、北朱村等,完善提高农田防护林体系,营造防风固沙林,在有条件的地方营造园林、绿化、苗木、花卉和经济林基地等。

### 6.3.4 平原土地生态涵养管护区调控对策与建议

1. 范围

该区主要包括修武县(郇封镇郇封村、后雁门村、军庄村等,高村乡刘范村、南霍村等);武陟县(谢旗营镇、圪垱店乡,乔庙乡除詹堤村外,嘉应观乡西北部的东水寨村、北贾村等,北郭乡赵马蓬村、岳马蓬村等,大虹桥乡北部西文村、曲村等,西陶镇张武村、东张计村、王顺村等);山阳区(李万街道办事处南张村、西大寨村等);博爱县(阳庙镇,苏家作乡除寨卜昌村等,金城乡,孝敬镇,清化镇前莎庄村、太子庄村等,磨头镇中南部和东北部的崔庄村、际西村、际东村等);沁阳市(西向镇南部的北鲁村、清河村等,柏香镇东部的南王村、小位村等,崇义镇);温县(北冷乡北冷村、东周村等,黄庄镇东韩村、西韩村、康庄村及北部的东留村、米庄村等,番田镇中北部的前北马村、南镇村等);孟州市(城伯镇张庄村、子昌村、岳师村及北部的赵庄村等,谷旦镇除卢桑楼村与堰底村外,赵和镇东小仇村、西小仇村等,槐树乡刘庄村、涧东北部及古周城村等),共 768 个分区单元,面积约为 1316.43km²,占焦作市土地总面积的 33.13%。

2. 土地生态问题与调控方向

该区位于焦作市中南部,地貌类型从西向东依次为山前洪积平原、山前交接洼地、黄沁河冲积平原和因沁河泛滥形成的郇封岭岗地。该区是焦作市的粮食主要生产区域,因多年来土地高强度利用,存在重产出、轻养护的问题,导致部分区域土地肥力下降,依靠化肥维持高产,且农药、化肥过度施用,存在土壤板结及土地细碎化问题,部分农田污染严重。

该区是焦作市和河南省重要的粮棉油生产基地,也是全国粮食高产稳产区,农业生产条件优越,土地利用集约程度较高,基本农田比率高达 88.87%。土地利用与生态建设应结合农田水利基本建设,做好农业综合开发,改造中低产田,结合测土配方工程,积极实施秸秆还田、种植绿肥和增施有机肥,推广应用土壤改良培肥综合技术,促进有机肥资源转化利用,减少生态环境污染,改善生态环境,提升耕地地力水平;积极推进高标准基本农田建设,提高土地利用率和产出率。

3. 土地生态调控策略与管护建议

(1) 以巩固提高该区域农产品生产能力为重点任务,实行最严格的耕地保护制度,持续推进农业基础设施建设,大力推进高标准基本农田建设,提高高产田比重,打造粮食生产核心区。

(2) 推进农业结构的战略性调整,因地制宜地发展特色高效农业,提高产业化经营水平,增加农民收入。在博爱县阳庙镇和金城乡、修武县(郇封镇郇封村、后雁门村等)、武陟县(谢旗营镇,圪垱店乡,乔庙乡除詹堤村外,嘉应观乡西北部的东水寨村、北贾村等,北郭乡赵马蓬村、岳马蓬村)等区域重点建设优质小麦种子基地、专用玉米基地、蔬菜基地和食用菌基地等,进一步优化农业产业结构。

(3) 加快高效生态经济建设,积极发展生态农业和现代农业,推进农业的集约化、规模化及生态化经营,依托相关园区、产业平台,大力发展优质粮食、无公害蔬菜、名优花卉苗木、优质畜产品和观光农业等。

(4) 切实保护耕地和基本农田,进行中低产农田改造,提升耕地质量,增加耕地面积,进一步提高农业用地的产出效率。

(5) 积极稳妥地推进新农村建设和旧村庄整治复垦,优化城乡建设用地结构和布局。

### 6.3.5 小城镇土地生态管护区调控对策与建议

1. 范围

该区位于焦作市西南部,沁河与黄河之间地带,小城镇密集,主要包括孟州市(槐树乡西孟庄村、汤庙村等,赵和镇上寨村、仇庄村、雷垎塔村等,谷旦镇堰底村、卢桑楼村,河雍街道办事处,城伯镇南部的城伯村、中村等,南庄镇张庄村、南社村、上口村等);温县(番田镇南部的余村、王张伦村等,岳村乡北部的东坡村、边沟村等,温县建成区,温泉镇北部的张圪垱村、前上作村等,南张羌镇段沟村、朱沟村等,赵堡镇北部的赵堡村、南孟封村等,北冷乡南部的许北张村、西南冷村等,武德镇南部的西张相村、宋庄村等);武陟县(西陶镇西南部的大南张村、郭庄村等,大封镇北部的南催庄村、老催庄村等,大虹桥乡中部的东温村、赵北古村等),共241个分区单元,面积约为329.09km²,占焦作市土地总面积的8.28%。

2. 土地生态问题与调控方向

该区系太行山前丘陵向华北平原过渡地区,区内县域经济发展较快,是焦作市轻工业走廊的重点布局区域,是焦作市现代物流业、高新技术产业和城市服务业多产业发展的重要区域,是焦作市西南部地区人流、物流、信息流和资金流的主要汇集地。该区存在土地利用相对粗放、低山丘陵水土流失、土地污染等问题。

土地利用与生态建设应加强土壤保持和农业用地保护,集约利用土地,严格控制城镇人均建设用地指标,改善土地生态环境。城镇体系和生态工业园区建设走新型工业化道路,提高资源循环利用效率。

3. 土地生态调控策略与管护建议

(1) 引导人口和产业向产业集聚区和小城镇区集聚发展,构建有序的网络化土地生态利用格局,按照中共中央国务院关于加快推进生态文明建设的意见要求,大力推进绿色城镇化,尊重区域的自然格局,依托现有的山水脉络、气象条件等,合理布局城镇各类空间,尽量减少对自然的干扰和损害,推动小城镇发展由外延式扩展向内涵式提升转变。

(2) 严格保护该区域的丘陵、平原农业发展空间,巩固提升农产品综合产能。采取土地生态恢复的工程技术和生物技术措施,改造小流域地貌,减少水土流失,改善该区域的土地生态环境。

(3) 积极引导传统农业区、丘陵区人口向周边的小城镇和新型农村社区有序转移,调整优化城乡建设空间结构布局,优先保障城镇产业等生产生活空间需求,逐步减少农村居住空间规模。

(4) 进一步加强丘陵的土地生态维护,实施水土保持、封山育林等重大生态修复工程,改善植被和生态现状,提高土地生态环境承载力。

(5) 促进与焦作市区的融合发展,实现资源开发、环境保护、基础设施建设等方面的协调合作,形成区域一体化发展的新格局。

(6) 在温县青峰岭重点建设粮食高产区、四大怀药基地及轻工业带分布区,青峰岭以南地区大力开展土地整治,改善土地利用与生态条件,提高土地利用效率。

### 6.3.6 沿黄土地生态涵养管护区调控对策与建议

1. 范围

该区主要包括武陟县(詹店镇,嘉应观乡南贾村、东后庄村、吴小营村、杨庄村等,北郭乡李后庄村、小司马村、南古岗村等及其南部区域各行政村,大虹桥乡南部的原北古村、中后村等,大封镇东唐郭村、西唐郭村等);温县(赵堡镇南部的陈新庄村、辛堂村等南部区域,南张羌镇陆庄村、卫沟村等,温泉镇滩王庄村、张庄村等,岳村乡西坡村、贺村等,祥云镇南部的工羊店村等,招贤乡古城村等);孟州市(南庄镇下官村、上官村等,大定街道办事处北开仪村、陈湾村,会昌街道办事处廉桥村、冯园村等,西魏镇韩庄村、湾村等),共 237 个分区单元,面积约为 685.59km²,占焦作市土地总面积的 17.26%。

2. 土地生态问题与调控方向

该区位于焦作市南部,水资源丰富,地下水位高,土层深厚,耕性良好,区内宜开发,滩涂分布广泛,增耕潜力较大。

土地利用与生态建设应针对存在的河道采砂、滩涂过度开荒等问题,减少人为干扰活动,遏制土地生态系统质量下降的趋势。在不影响黄河行洪和不破坏生态环境的前提下,进行黄河滩地开发利用,综合开发农林果牧渔,提高耕地质量,增加有效耕地面积,实现土地数量、质量与生态的同步提高。

3. 土地生态调控策略与管护建议

(1) 加强对土地生态空间的保护与修复,实施重大土地生态修复工程,增强土地生态生产能力,科学适度地扩大黄河等河流、滩涂、湿地面积,进一步扩大湿地自然保护区面积,减少人为干扰活动,遏制生态系统质量下降的趋势,恢复湿地功能,保护土地生态环境多样性。

(2) 实行生态环境保护优先的集中式新型城镇化发展战略,引导生态脆弱区人口有序转移,将生态移民及合村并镇等综合起来,建设新型农村社区,逐步有序减少农村居住空间。

(3) 全面推进生态工业示范区、生态农业示范区、城市绿色园区和蓝天工程、碧水工程、绿色工程、宁静工程、生态工程及污染防治工程、生态村镇建设工程等,保护和建设好黄河湿地国家级自然保护区,维护好湿地生态系统和生物多样性。

(4) 在充分考虑生态功能、恢复湿地功能及不影响黄河行洪的前提条件下,本着"宜农则农、宜林则林、宜牧则牧、宜渔则渔"的原则,稳妥推进沿黄滩区农用地开发与整治,完善生态产业发展模式,全面构建黄河滩绿色生态长廊和生态农业综合示范区,推动经济社会与生态环境的协调可持续发展。

(5) 严禁乱占滩涂、随意采砂,遏制人为因素导致湿地数量减少的趋势,调整农林牧渔产业结构和布局,实施退耕还河还湿、水土流失治理等生态保护工程,开展沿河村镇生活、工业污染治理工程,恢复土地生态系统的自然净化能力。

## 6.4 本章小结

本章在焦作市土地生态质量评价的基础上,阐述了土地生态管护分区的目的与意义,提出了土地生态管护分区的基本原则与分区过程,建立了区域土地生态管护分区指标体系,构建了基于 ArcGIS 的聚类分析模型,并以焦作市为例,进行了土地生态管护分区研究。将焦作市土地生态管护分区划分为 5 个类型区:太行山地土地生态管护区、城乡一体化土地生态管护区、平原土地生态涵养管护区、小城镇土地生态管护区、沿黄土地生态涵养管护区,根据各个土地生态管护分区的特点及其土地生态问题,分区提出相应的土地生态调控策略与管护建议。

# 第7章 结论与展望

## 7.1 结 论

　　研究面向地市级国土部门提升土地资源"数量管控、质量管理、生态管护"三位一体综合管控能力需求,以焦作市为研究区,综合运用 RS、GIS、数学建模等技术手段,融合经济社会、土地利用变更调查、遥感影像、地球化学调查、样点调查等多源多尺度数据,运用建立的市域尺度土地生态质量评价模型、土地生态质量空间分异分析及其主控因子识别方法、土地生态管护分区技术等对焦作市土地生态质量进行了评价和空间分异研究,提出了差别化的土地生态调控策略与建议,为区域土地生态管控、推进土地生态文明建设提供了科学依据和决策支持。研究得出的主要结论如下。

　　第一,建立了适用于市域尺度的由土地生态本底、生态结构、生态效益、生态胁迫指标4个准则层39个元指标组成的土地生态质量评价指标体系。在焦作市的应用表明,该评价指标体系顾及了地市级国土管理部门土地生态建设与管控功能定位要求,体现了综合性、差异性原则,客观地反映了因区域自然-人类活动引起的土地生态变化过程与管理调控引起的土地生态响应过程。

　　第二,构建了基于改进理想点的市域尺度土地生态质量评价模型和质量分级方法并进行了应用分析。研究面向地市级国土管理部门土地生态建设与管控技术需求,在分析市域尺度土地生态质量评价内涵与特征的基础上,基于改进理想点模型和自然断裂点法,建立了土地生态质量评价模型和质量分级方法。该模型和方法的主要优点如下。

　　(1)提出的以村级行政区为评价单元保证了评价单元指标尺度的完整性,满足了市级国土部门土地生态评价与调控管理的需要。

　　(2)确立的德尔菲法与熵权法主客观相结合评价指标组合赋予计算方法,充分体现了评价指标因子间的相关性和影响区域生态关键因子的作用。

　　(3)对理想点模型规范化决策矩阵和加权规范化决策矩阵计算方法的改进,兼顾了评价指标的变异性、相互作用及计算机字段字长限制,减小了正负理想解结果求算的相对接近度指数相对误差,提高了土地生态质量评价结果的精度和可靠度,客观地表达了评价单元的土地生态质量。

(4) 研究提出的在 ArcGIS 支持下基于自然断点法的土地生态质量分级方法,依据评价单元土地生态质量评价结果的数理统计特征(转折点、特征点),按优、良、中等、一般、差5个等级划分质量等级,综合考虑了土地生态质量评价结果值的数理统计特征,体现了土地生态质量等级差异的非均匀属性。

(5) 运用研究的模型和方法对焦作市土地生态质量进行评价和分级,全市土地生态质量整体较好,呈现出中部差、南部及北部较好的空间特征。土地生态质量为优等级的土地占全市总面积的 21.57%(292 个评价单元);良等级的土地比例最大,为 34.11%(656 个评价单元);中等与一般等级的土地比例为 37.28%(833 个评价单元);质量为差等级的土地比例较小,为 7.03%(109 个评价单元)。应用表明,基于改进理想点的评价模型和分级方法,以行政村为评价单元符合焦作市实际,该方法客观可行。

第三,提出了市域尺度下土地生态质量空间分异及其主控因子识别方法并进行了分析应用。引入空间自相关思想,提出了基于热点分析模型的土地生态质量空间分异分析方法,从全域分异和各分异类型区两方面,分别提出了基于决策树和主成分分析模型的主控因子识别方法。该方法主要特点如下。

(1) 提出的土地生态质量空间分异分析方法利用 ArcGIS 热点分析工具,通过计算区域各评价单元土地生态质量评价结果的局部高/低聚类值的统计值,基于统计值显著性,得出高聚类值或低聚类值的单元在空间上发生聚类的位置,反映了区域内各评价单元在空间上聚类程度的差异,客观地揭示了土地生态质量在空间上的分异程度。

(2) 研究的土地生态质量空间分异主控因子识别方法,利用决策树 CART 算法构建分类决策树,根据输入控制变量计算对比分析决策树的分类精度,得到各土地生态质量评价因子对全域土地生态质量等级的贡献度,实现了全域土地生态质量分异主控因子的识别;运用 SPSS 软件,采用主成分分析模型,计算各分异类型区土地生态质量评价因子的得分系数矩阵,通过排序和遴选识别引起各分异类型区土地生态质量空间分异的主控因子。

(3) 运用土地生态质量空间分异及其分异主控因子识别方法,对焦作市市域土地生态质量空间分异特征进行了研究。焦作市土地生态质量空间分异整体呈现出"核心-边缘"结构特征,即由城镇向远郊呈上升趋势,而由水库、河流、风景区向城区呈下降趋势,局部区域土地生态质量分异特征呈现点状或面状或条带状聚集特征;生态服务价值、NPP、人口密度、林网密度、水面比例等是引起市域土地生态质量空间分异的主控因子,但不同土地生态质量空间分异类型区的主控因子各有差异,研究结果基本符合客观实际。

第四,开展了基于 GIS 技术和聚类分析模型的土地生态管护分区技术。研究建立了由土地生态质量评估值、景观生态、土地利用规划空间管制,以及区域发展等组成的土地生态管护分区指标体系,构建了土地生态管护分区聚类分区模型,将焦作市土地生态管护分区划分为太行山地土地生态管护区、城乡一体化土地生态管护区、平原土地生态涵养管护区、小城镇土地生态管护区、沿黄土地生态涵养管护区5个土地生态管护区,并根据各区特点、土地生态问题分别提出了相应的土地生态调控策略与管护建议。

## 7.2 创 新 点

第一,构建了市域尺度土地生态质量评价指标体系。依据地市级国土管理部门土地生态建设与管控功能定位要求,将基于微观视角的土地生态背景指标、基于中观视角的土地生态胁迫和结构指标、基于宏观视角的土地生态效益指标相结合,选取与土地生态直接相关的典型生态因子构建指标体系,体现了市域尺度要求,反映了区域土地生态质量的内部差异性。

第二,创建了基于改进理想点的市域尺度土地生态质量评价模型和质量分级方法。面向地市级国土管理部门土地生态建设与管控技术需求,以村级行政区为评价单元,对理想点模型规范化决策矩阵和加权规范化决策矩阵计算方法进行改进,更好地反映了评价指标的变异性、相关性及对土地生态质量的综合作用;基于自然断点的质量分级方法,体现了质量等级的非均匀特性,科学界定了质量评价结果的质变区间,实现了质量等级差异的客观表达,为科学评价市域尺度土地生态质量提供了新方法。

第三,提出了市域尺度土地生态质量空间分异及其主控因子识别方法。引入空间计量地理学空间自相关思想,建立了基于热点分析模型的土地生态质量空间分异方法;利用CART算法构建决策树,分析各因子对土地生态质量等级的贡献程度,建立了全域分异的主控因子识别方法,实现了全域分异主控因子的识别;基于主成分分析模型,建立了各分异类型区的土地生态质量空间分异主控因子识别方法。

## 7.3 展 望

第一,土地生态质量评价指标选取是土地生态质量评价的关键,也是评价中的难点,虽然本书的指标体系构建尽可能全面考虑了焦作市的土地生态本底、生态结构、生态效益和生态问题,但是我国幅员辽阔,不同省份、地市级区域范围差异较大,建立的评价指标体系是否适用于我国所有区域的地市级尺度;另外,在地市级范围内,城乡建设用地、农业用地与其他土地的利用方式有较大差异,土地生态问题也不尽相同,城镇区域和农村地区对土地生态质量的评价指标、评价模型和等级划分是否应该一致,这些问题还需要在今后的实践中不断验证和改善。

第二，土地生态质量管护分区是维护和实现区域土地可持续利用、调控土地利用的有效途径，"3S"技术、专家智能、计算机模拟等技术的发展为土地生态质量管护分区提供了新的思路和技术支撑。今后的研究将深入挖掘"3S"技术，融合专家知识、多智能体与空间模型等方法，探索多学科背景的综合集成方法，实现土地生态质量管护分区的智能化、一体化。

第三，由于时间和数据获取所限，本书中未对研究区土地生态质量空间分异类型区结果进行相关性分析及显著性分析，在后续研究中将引用更好的数学模型进行研究，对土地生态质量空间分异模型进行改进和完善，进一步提高模型的准确性和可靠性。

# 参 考 文 献

白晓永,熊康宁,苏孝良,等.2005.喀斯特石漠化景观及其土地生态效应——以贵州贞丰县为例.中国岩溶,24(4):276-281.

蔡艳,丁维新,蔡祖聪.2006.土壤-玉米系统中土壤呼吸强度及各组分贡献.生态学报,26(12):4273-4280.

昌亭,周生路,戴靓,等.2014.金坛市土地生态质量的城乡梯度规律研究.水土保持研究,21(3):130-135.

唱彤.2013.流域生态分区及其生态特性研究.北京:中国水利水电科学研究院博士学位论文.

陈强,杨晓华.2007.基于熵权的TOPSIS法及其在水环境质量综合评价中的应用.环境工程,25(4):75-77,5.

陈龙高,李英奎,陈龙乾,等.2014.土地生态利用视角下的连云港空间管制分区研究.应用基础与工程科学学报,22(4):685-697.

陈宁丽,张红方,张合兵,等.2015.基于熵权TOPSIS法的耕地生态质量空间分布格局及主控因子分析——以河南省新郑市为例.浙江农业学报,27(8):1444-1450.

陈文波,陇灵宇,刘宇琼.2015.基于两种方法结果差异的市域土地整治功能分区研究.江西农业大学学报,37(1):176-182.

陈星怡,杨子生.2012.土地利用功能分区若干问题探讨——以云南德宏州为例.自然资源学报,27(5):845-855.

程伟,吴秀芹,蔡玉梅.2012.基于GIS的村级土地生态评价研究——以重庆市江津区燕坝村为例.北京大学学报(自然科学版),48(6):982-988.

丛明珠,葛石冰,王仲智.2010.基于区域战略的江苏省土地统筹利用分区研究.中国土地科学,24(11):15-19.

戴靓.2013.县域土地生态质量的空间分异及其主控因子识别.南京:南京大学硕士学位论文.

戴靓,姚新春,周生路,等.2013.长三角经济发达区金坛市土地生态状况评价.农业工程学报,29(8):249-257,2.

邓维斌,唐兴艳,胡大权,等.2012.SPSS19统计分析实用教程.北京:电子工业出版社.

丁新原,周智彬,马守臣,等.2013.矿粮复合区土地生态安全评价——以焦作市为例.干旱区地理,36(6):1067-1075.

董丽丽,丁忠义,刘一玮,等.2014.煤炭资源型城市的土地生态质量综合评价——以江苏省沛县为例.国土资源科技管理,31(5):34-40.

董祚继.2002.土地利用规划管理手册.北京:中国大地出版社.

杜忠潮,韩申山.2009.基于主成分分析的土地生态安全评价实证研究——以陕西省10个省辖市为例.水土保持通报,29(6):198-202,207.

封丹,周兴.2013.广西大化县土地生态质量分区及其利用对策.湖北农业科学,52(7):1525-1529.

冯红燕,谭永忠,王庆日,等.2010.中国土地利用分区研究综述.中国土地科学,24(8):71-76.

冯文斌,李升峰.2013.江苏省土地生态安全评价研究.水土保持通报,33(2):285-290.

符海月,李满春,陈振杰,等.2011.基于关联矩阵的土地利用导向分区研究.中国人口.资源与环境,21(11):99-105.

傅伯杰.1991.景观生态学的对象和任务.北京:中国林业出版社.

傅伯杰,陈利项,王军,等.2003.土地利用结构与生态过程.第四纪研究,23(3):247-255.

郭爱请,葛京凤.2006.河北省城市土地集约利用潜力评价方法探讨.资源科学,28(4):65-70.

韩蕾,孔祥斌,郭洪峰,等.2015.西南山区生态敏感区土地生态安全评价——以秀山县为例.水土保持研究,22(1):229-234,240.

何淑勤,郑子成,孟庆文,等.2010.基于生态足迹的雅安市土地生态安全研究.水土保持研究,17(6):118-122.

洪家荣,丁明峰,李原星.1995.一种新的决策树归纳学习算法.计算机学报,18(6):470-475.

黄海,刘长城,陈春.2013.基于生态足迹的土地生态安全评价研究.水土保持研究,20(1):193-196,201.

黄辉玲,罗文斌,吴次芳,等.2010.基于物元分析的土地生态安全评价.农业工程学报,26(3):316-322.

黄正良,钟慧润.2015.土地利用空间分异对生态健康的影响研究——以佛山市高明区为例.国土与自然资源研究,03:1-5.

蒋慧峰,朱文杰.2007.一种最优组合赋权算法.湖北工业大学学报,5:78-80.

康智明,王彬,祝文烽,等.2015.福建省明溪县农地土壤重金属的空间分异和潜在生态风险评价.福建农林大学学报(自然科学版),44(2):212-218.

匡丽花,叶英聪,赵小敏.2014.基于最小累积阻力模型的土地生态适宜性评价——以鄱阳县为例.江西农业大学学报,36(4):903-910.

雷静.2014.我国家用纺织品出口贸易的市场变化及潜力分析.上海:东华大学硕士学位论文.

李保杰,顾和和,纪亚洲.2012.矿区土地复垦景观格局变化和生态效应.农业工程学报,28(3):251-256.

李静,李子君,吕建树.2011.聊城市土地生态安全评价.水土保持通报,31(2):198-202.

李君轶,吴晋峰,薛亮,等.2007.基于GIS的陕西省土地生态环境敏感性评价研究.干旱地区农业研究,25(4):19-23,29.

李亮.2009.评价中权系数理论与方法比较.上海:上海交通大学硕士学位论文.

李玲.2014.河南省土地生态安全评价.哈尔滨:东北农业大学硕士学位论文.

李玲,侯淑涛,赵悦,等.2014.基于P-S-R模型的河南省土地生态安全评价及预测.水土保持研究,21(1):188-192.

李明月,赖笑娟. 2011. 基于 BP 神经网络方法的城市土地生态安全评价——以广州市为例. 经济地理,31(2):289-293.

李萍,魏朝富,邱道持. 2007. 基于熵权法赋权的区域耕地整理潜力评价. 农业资源与环境,23(6):536-541.

李茜,任志远. 2007. 区域土地生态环境安全评价——以宁夏回族自治区为例. 干旱区资源与环境,21(5):75-79.

李晓倩. 2012. 土地资源评价指标权重赋值方法的比较研究——以庄浪县农村居民点整理潜力评价为例. 兰州:甘肃农业大学硕士学位论文.

李新举,方玉东,田素峰,等. 2007. 黄河三角洲垦利县可持续土地利用障碍因素分析. 农业工程学报,23(7):71-75.

李彦,赵小敏,欧名豪. 2011. 基于主体功能区的土地利用分区研究——以环鄱阳湖区为例. 地域研究与开发,06:126-129.

李迎迎,杨朝现,信桂新,等. 2014. 重庆市土地生态安全动态变化研究. 西南师范大学学报(自然科学版),39(11):189-195.

李玉平,蔡运龙. 2007. 河北省土地生态安全评价. 北京大学学报(自然科学版),43(6):784-789.

廖炜. 2011. 丹江口库区土地利用变化与生态安全调控对策研究. 武汉:华中师范大学博士学位论文.

林佳,宋戈,宋思铭. 2011. 景观结构动态变化及其土地利用生态安全——以建三江垦区为例. 生态学报,31(20):5918-5927.

刘欢,周忠学,齐爱荣. 2013. 西安市都市农业生态安全动态评价及空间分异. 干旱地区农业研究,31(6):225-231,237.

刘蕾,姜灵彦,高军侠. 2011. 基于 P-S-R 模型的土地生态安全物元评价——以河南省为例. 地域研究与开发,30(4):117-121.

刘凌冰,李世平. 2014. 西北荒漠化地区土地生态安全评价——以酒泉市为例. 水土保持研究,21(4):190-194,202.

刘世斌. 2013. 流域土地利用功能分区体系研究. 武汉:中国地质大学博士学位论文.

刘孝富,舒俭民,张林波. 2010. 最小累积阻力模型在城市土地生态适宜性评价中的应用——以厦门为例. 生态学报,30(2):421-428.

刘勇,邢育刚,李晋昌. 2012. 土地生态风险评价的理论基础及模型构建. 中国土地科学,26(6):20-25.

卢立峰,严力蛟. 2013. 县域土地生态安全评价——以四川省丹棱县为例. 生态与农村环境学报,29(3):295-300.

鲁春阳,文枫,杨庆媛,等. 2011. 基于改进 TOPSIS 法的城市土地利用绩效评价及障碍因子诊断——以重庆市为例. 资源科学,33(3):535-541.

鲁红英,肖思和,杨尽. 2014. 模糊聚类分析方法在土地整治分区中的应用. 成都理工大学学报(自然科学版),41(1):124-128.

吕添贵,吴次芳,李冠,等. 2014. 基于生态足迹的港口型城镇土地生态安全研究——以宁波市镇海区为例.水土保持通报,34(6):250-255.

吕一河,陈利项,傅伯杰.2007.景观格局与生态过程的耦合途径分析.地理科学进展,26(3):1-10.

罗舒雯,谭永忠,牟永铭,等.2011.龙泉市 MCDA 土地利用功能分区.中国土地科学,25(10):47-51,97.

毛国君.2005.数据挖掘原理与算法.北京:清华大学出版社.

毛汉英,余丹林.2001.区域承载力定量研究方法探讨.地球科学进展,16(4):549-555.

蒙莉娜,郑新奇,赵璐,等.2011.基于生态位适宜度模型的土地利用功能分区.农业工程学报,27(3):282-287.

孟展,张锐,刘友兆,等.2014.基于熵值法和灰色预测模型的土地生态系统健康评价.水土保持通报,34(4):226-231.

倪绍祥.2009.土地类型与土地评价概论.北京:高等教育出版社.

裴欢,魏勇,王晓妍,等.2014.耕地景观生态安全评价方法及其应用.农业工程学报,30(9):212-219.

彭慧,昌亭,薛红琳,等.2013.土地生态评价研究综述.国土资源科技管理,30(6):28-35.

彭建,吴健生,蒋依依,等.2006.生态足迹分析应用于区域可持续发展生态评估的缺陷.生态学报,(8):2716-2722.

齐鹏,张仁陟,王晓娇,等.2012.基于物元模型的民勤绿洲土地生态安全评价.中国沙漠,32(5):1494-1500.

齐伟,曲衍波,刘洪义,等.2009.区域代表性景观格局指数筛选与土地利用分区.中国土地科学,23(1):33-37.

乔建平,石莉莉,王萌.2008.基于贡献权重叠加法的滑坡风险区划.地质通报,27(11):1787-1794.

曲晨晓,孟庆香.2008.许昌市土地利用功能分区研究.中国土地科学,22(11):51-55.

曲衍波,齐伟,商冉,等.2008.基于GIS的山区县域土地生态安全评价.中国土地科学,22(4):38-44.

任偲.2009.基于生态环境安全的马鞍山土地利用分区研究.南京:南京农业大学硕士学位论文.

沈翠新.2003.长株潭地区生态环境质量评价信息系统的研制.长沙:中南林学院硕士学位论文.

石蒙蒙,薛兴燕,吴明作,等.2014.河南省生态用水的空间分异特征研究.西南林业大学学报,34(6):49-54.

宋戈,张文雅.2008.森工城市转型期土地集约利用指标体系的构建与评价:以黑龙江省伊春市为例.中国土地科学,22(10):31-38.

孙奇奇,宋戈,齐美玲.2012.基于主成分分析的哈尔滨土地生态安全评价.水土保持研究,19(1):234-238.

孙云鹏.2014.唐山市土地利用/覆被变化与生态质量气象评价.沈阳:辽宁师范大学硕士学位论文.

汪樱,李江风.2013.基于生态服务价值的乡镇土地利用功能分区——以湖北省神农架木鱼镇为例.国土资源科技管理,30(6):20-27.

王葆芳,刘星辰,王君厚,等.2004.沙质荒漠化土地评价指标体系研究.干旱区资源与环境,1(4):23-28.

王才军,游泳,左太安,等.2011.基于熵权灰色关联法的岩溶石漠化区土地质量评价——以毕节实验区为例.水土保持研究,18(4):218-222.

王传辉,吴立,王心源,等.2013.基于遥感和GIS的巢湖流域生态功能分区研究.生态学报,33(18):5808-5817.

王大力,吴映梅.2015.基于GIS的云南省生态环境空间分异探究.中国农学通报,31(25):192-199.

王德光,胡宝清,饶映雪,等.2012.基于网格法与ANN的县域喀斯特土地系统功能分区研究.水土保持研究,19(2):131-136.

王根绪,程国栋,钱鞠.2003.生态安全评价研究中的若干问题.应用生态学报,14(9):1551-1556.

王建洪,任志远,苏雅丽.2012.基于生态足迹的1997～2009年西安市土地生态承载力评价.干旱地区农业研究,30(1):224-229,237.

王静,濮励杰,张凤荣,等.2003.县级土地资源可持续利用评价指标体系与评价方法——以江苏锡山为例.资源科学,25(5):40-45.

王磊,郧文聚,范金梅.2008.可持续土地整理分区及模式初探.资源与产业,10(5):103-106.

王明涛.1998.多指标综合评价中权数确定的离差、均方差决策方法.中国软科学,(8):100-107.

王清源,潘旭海.2011.熵权法在重大危险源应急救援评估中的应用.南京工业大学学报(自然科学版),(3):87-92.

王雪,杨庆媛,何春燕,等.2014.基于P-S-R模型的生态涵养发展型区域土地生态安全评价——以重庆市丰都县为例.水土保持研究,21(3):169-175.

温月雷.2012.岳阳市土地生态质量评价.长春:东北师范大学硕士学位论文.

吴健生,乔娜,彭建,等.2013.露天矿区景观生态风险空间分异.生态学报,33(12):3816-3824.

吴克宁,韩春建,冯新伟,等.2008.基于3S技术的土地生态敏感性分区研究.土壤,40(2):293-298.

吴林,张鸿辉,王慎敏,等.2005.基于栅格数据空间分析的土地整理生态评价——以江西省南康市凤岗镇为例.中国土地科学,19(3):24-28.

吴绍华,周生路,潘贤章,等.2011.城市扩张过程对土壤重金属积累影响的定量分离.土壤学报,48(3):496-505.

吴滢滢,吴绍华,周生路,等.2015.昆山市土地生态质量空间分异及其对土地利用程度的响应.水土保持研究,22(4):201-205,209.

谢高地,鲁春霞,冷允法,等.2003.青藏高原生态资产的价值评估.自然资源学报,18(2):189-196.

修丽娜.2011.基于OWA-GIS的区域土地生态安全评价研究.北京:中国地质大学博士学位论文.

徐博,雷国平,张慧,等.2013.基于主成分分析法和GIS的土地利用综合分区研究——以黑龙江省红兴隆垦区五九七农场为例.水土保持研究,20(2):186-190,200.

徐昌瑜,陈健,孟爱农,等.2013.基于FRAGSTATS的区域土地生态质量综合评价研究——以江苏省宜兴市为例.土壤,45(2):355-360.

徐嘉兴.2013.典型平原矿区土地生态演变及评价研究——以徐州矿区为例.徐州:中国矿业大学博士学位论文.

徐嘉兴,李钢,陈国良,等.2013.矿区土地生态质量评价及动态变化.煤炭学报,38(S1):180-185.

徐理,周勇,许倍慎.2012.基于土地生态环境质量的建设用地空间管制分区评价.水土保持通报,32(1):222-226.

徐美,朱翔,李静芝.2012.基于DPSIR-TOPSIS模型的湖南省土地生态安全评价.冰川冻土,34(5):1265-1272.

许倍慎.2012.江汉平原土地利用景观格局演变及生态安全评价.武汉:华中师范大学博士学位论文.

许倍慎,周勇,徐理,等.2011.湖北省潜江市土地生态脆弱性时空分析.中国土地科学,25(7):80-85.

许妍,高俊峰,高永年,等.2011.太湖流域生态系统健康的空间分异及其动态转移.资源科学,33(2):201-209.

闫勇,齐伟,王丹,等.2011.GIS支持下的山区苹果园地优化布局.生态学杂志,08:1732-1737.

杨国清,祝国瑞.2005.土地生态伦理观与土地伦理利用.科技进步与对策,22(2):90-91.

杨子生.1992.土地合理利用区划的若干基本问题之探讨.玉溪师专学报,(5):44-50.

叶文虎,栾胜基.1994.环境质量评价.北京:高等教育出版社.

于勇,周大迈,王红,等.2006.土地资源评价方法及评价因素权重的确定探析.中国生态农业学报,02:213-215.

余敦,陈文波.2011.基于物元模型的鄱阳湖生态经济区土地生态安全评价.应用生态学报,22(10):2681-2685.

余健,房莉,仓定帮,等.2012.熵权模糊物元模型在土地生态安全评价中的应用.农业工程学报,28(5):260-266.

袁金国,王卫,龙丽民.2006.河北坝上生态脆弱区的土地退化及生态重建.干旱区资源与环境,20(2):139-143.

袁金龙.2014.通山县土地利用生态功能分区研究.武汉:华中师范大学硕士学位论文.

袁琴琴.2006.基于决策树算法的改进与应用.西安:长安大学硕士学位论文.

臧玉珠,彭慧,周生路,等.2015.苏南地区土地生态质量空间分异及其与经济发展协调性评价.水土保持研究,22(3):188-192,197,351.

曾凡伟.2014.基于层次-熵权法的地质公园综合评价——以兴文、四姑娘山、剑门关地质公园为例.成都:成都理工大学博士学位论文.

张飞,孔伟.2009.淮安市淮阴区土地利用景观格局变化及其生态效应.江苏农业科学,(6):407-410.

张合兵,陈宁丽,孙江锋,等.2015.基于GIS的土地生态质量评价及影响因素分析——以平顶山市为例.河南农业科学,44(1):62-69.

张合兵,郝成元,张小虎.2012.潞安矿区净初级生产力和土地覆被变化研究.水土保持通报,33(1):221-225.

张合兵,王世东.2015.典型生态县域土地利用时空与景观格局变化.水土保持研究,22(2):246-252.

张洁瑕,陈佑启,姚艳敏,等.2008.基于土地利用功能的土地利用分区研究——以吉林省为例.中国农业大学学报,13(3):29-35.

张敬花,雍际春.2010.关中-天水经济区生态保护的困境及路径选择.甘肃社会科学,(5):193-196.

张军以,苏维词,张凤太.2011.基于PSR模型的三峡库区生态经济区土地生态安全评价.中国环境科学,31(6):1039-1044.

张俊平,胡月明,阙泽胜,等.2011.基于主分量模糊C-均值算法的区域土地利用分区方法探讨——以广东省大埔县为例.经济地理,31(1):134-139.

张小虎,雷国平,袁磊,等.2009.黑龙江省土地生态安全评价.中国人口.资源与环境,19(1):88-93.

张晓楠,宋宏利,李振杰.2012.基于地统计学的区域生态服务价值空间分异规律研究.水土保持研究,19(6):168-171,175.

张秀英,孙棋,王珂,等.2008.基于决策树的土壤Zn含量预测.环境科学,29(12):3508-3512.

张月丛,孟宪锋,赵志强,等.2008.承德市1999～2004年生态足迹与土地生态承载力分析.干旱区资源与环境,22(7):37-40.

张正华,吴发启,王健,等.2005.土地生态评价研究进展.西北林学院学报,20(4):104-107,111.

赵荣钦,黄贤金,钟太洋,等.2010.聚类分析在江苏沿海地区土地利用分区中的应用.农业工程学报,26(6):310-314.

钟晓兰,周生路,李江涛,等.2007.长江三角洲地区土壤重金属污染的空间变异特征——以江苏省太仓市为例.土壤学报,44(1):33-40.

朱留华,谢俊奇.2007.21世纪前20年土地利用趋势与对策研究.北京:中国大地出版社.

庄红卫,张芳,刘卫芳.2010.欠发达县级市域土地利用功能分区研究——以吉首市为例.经济地理,30(11):1897-1901.

庄伟,廖和平,潘卓,等.2014.基于变权TOPSIS模型的三峡库区土地生态安全评估——以巫山县为例.西南大学学报(自然科学版),36(8):106-112.

卓仁贵,信桂新,喻鸥.2009.西南丘陵山区县级土地利用分区研究——以重庆市酉阳县为例.西南大学(自然科学版),31(11):81-86.

邹士鑫.2010.县级土地利用分区研究.重庆:西南大学硕士学位论文.

Amold F. 1989. Politics administration, and local land-use regulation analyzing zoning as a policy process. Public Administration Review, 49(4):337-344.

Bruggeman D, Meyfroidt P, Lambin E F. 2015. Production forests as a conservation tool: Effectiveness of Cameroon's land use zoning policy. Land Use Policy, 42(1):151-164.

Caillault S, Mialhe F, Vannier C, et al. 2013. Influence of incentive networks on landscape changes: A simple agent-based simulation approach. Environmental Modeling & Software, (45):64-73.

Cho M. 1997. Congestion effects of spatial growth restriction: A model and empirical analysis. Real Estate Econmics, 25(3):409-438.

Christian J M G P. 1995. Land Quality Indicators. Washington: World Bank Publications.

Christopher P C. 2005. Allocation rules for land division. Journal of Economic Theory, 121(2):236-258.

Contonis J J. 1989. Icons and Aliens: Law, Aesthetics, and Environmental Change. Urbana: University of Illinois Press.

Cunningham C R. 2005. Uncertainty, Zoning and Land Development. New York: Syracuse University.

Esteban R H. 2004. Optimal urban land use and zoning. Review of Economic Dynamic, 7(1): 69-106.

Franklin J F. 1993. Preserving biodiversity: Species, ecosystem or landscapes. Ecological Applications, 2(3): 202-205.

Geneletti D. 2013. Assessing the impact of alternative land-use zoning policies on future ecosystem services. Environment Impact Assessment Review, 40(4): 25-35.

Geng Q L, Wu P T, Zhao X N, et al. 2014. A framework of indicator system for zoning of agricultural water and land resources utilization: A case study of Bayan Nur, Inner Mongolia. Ecological Indicators, 40(5): 43-50.

Ghersa C M, Ferraro D O, Omacini M, et al. 2002. Farm and landscape level variables as indicators of sustainable land-use in the Argentine Inland-Pampa. Agriculture, Ecosystems & Environment, 93(1-3): 279-293.

James A T. 1997. The effect of zoning on housing construction. Journal of Housing Economics, 6(1): 81-91.

Kupfer J A, Gao P, Guo D S. 2012. Regionalization of forest pattern metrics for the continental United States using contiguity constrained clustering and partitioning. Ecological Informatics, 9(5): 11-18.

Lin F T. 2000. GIS-based information flow in a land-use zoning review process. Landscape and Urban Planing, 52(1): 21-32.

Lusiana B, van Noordwijk M, Cadisch G. 2012. Land sparing or sharing? Exploring livestock fodder options in combination withland use zoning and consequences for livelihoods and net carbon stocks using the FALLOW model. Agriculture, Ecosystems and Environment, 159(15): 145-160.

Marin M. 2007. Impacts of urban growth boundary versus exclusive farm use zoning on agricultural land uses. Urban Affairs Review, 43(2): 199.

Messing I, Hoang Fagerstrom M H, Chen L, et al. 2003. Criteria for land suitability evaluation in a small catchment on the Loess Plateau in China. Catena, 54(1-2): 215-234.

Mincey S K, Schmitt-Harsh M, Thurau R. 2013. Zoning, land use, and urban tree canopy cover: The importance of scale. Urban Forestry & Urban Greening, 12(2): 273-280.

Newman E I. 2000. Applied Ecology and Environmental Management. Oxford, UK: Blackwell Science.

Nick G, Kuang S K. 2001. Land zoning and local discretion in the Korean planning system. Land Use Policy, 18(3): 233-243.

Omernik J M. 1995. Ecoregions: A spatial framework for environmental management//Biological Assessment and Criteria: Tools for Water Resource Planning and Decision Making. Boca Raton,

Florida: Lewis Publishers: 49-62.

Omernik J M. 2003. The misuse of hydrologic unit maps for extrapolation, reporting, and ecosystem management. Journal of the American Water Resources Association, 39(3): 563-573.

Opdam P, Foppen R, Vos C. 2002. Bridging the gap between ecology and spatial planning in landscape ecology. Landscape Ecology, 16(8): 767-779.

Paracchini M L, Pacini C, Jones M L M, et al. 2011. An aggregation framework to link indicators associated with multifunctional land use to the stakeholder evaluation of options. Ecological Indicators, 11(1): 71-80.

Paudel S, Yuan F. 2012. Assessing landscape changes and dynamics using patch analysis and GIS modeling. International Journal of Applied Earth Observation and Geoinformation, (16): 66-76.

Quinlan J R. 1986. Induction of decision tree. Machine Learning, 1(1): 81-106.

Sonneveld M, Hack-Tenbroeke M, Vandiepen C, et al. 2010. Thirty years of systematic land evaluation in the Netherlands. Geoderma, 156: 84-92.

Thomsena M, Faberb J H, Sorensena P B. 2011. Soil ecosystem health and services-evaluation of ecological indicators susceptible to chemical stressors. Ecological Indicators, 12(05): 1-9.

Troll C. 1939. Luftbildplan und okologische bodenforschung. Z. Ges. Erdkunde zu Berlin, 7-8: 241-298.

Ye H, Ma Y, Dong L M. 2011. Land ecological security assessment for bai autonomous prefecture of Dali based using PSR model-with data in 2009 as case. Energy Procedia, 5: 2172-2177.

# 彩 图

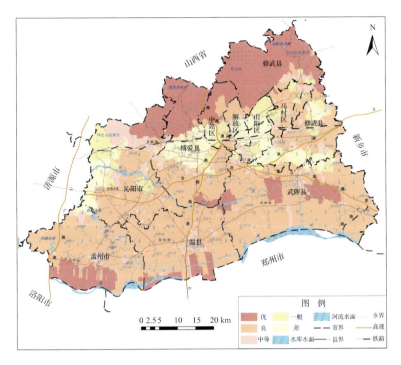

图 4-26 焦作市生态胁迫评价图

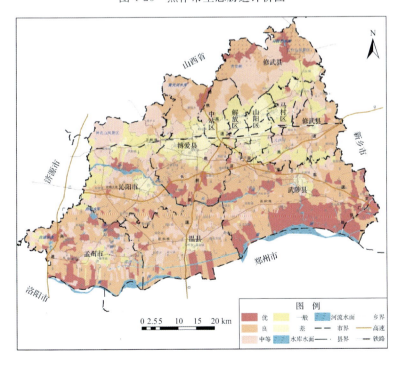

图 4-27 焦作市土地生态质量综合评价分级图

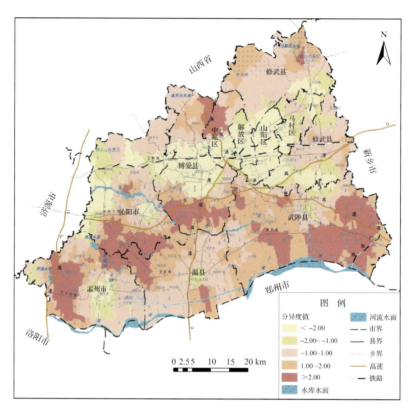

图 5-2 焦作市土地生态质量空间冷热点分布图

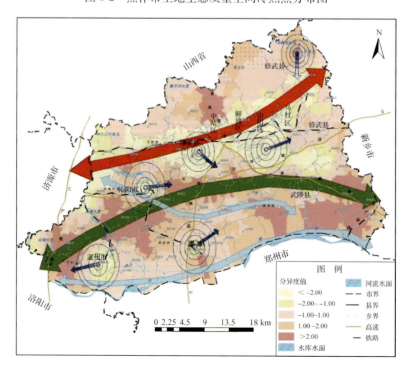

图 5-8 焦作市土地生态质量空间分异图

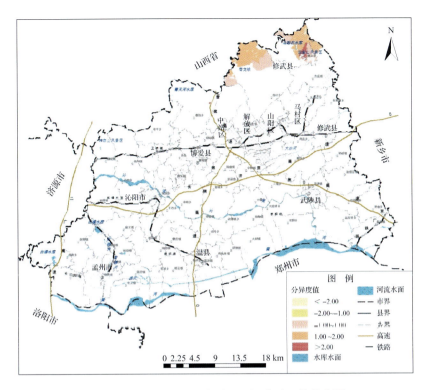

图 5-9 焦作市土地生态质量空间分异面状分布图

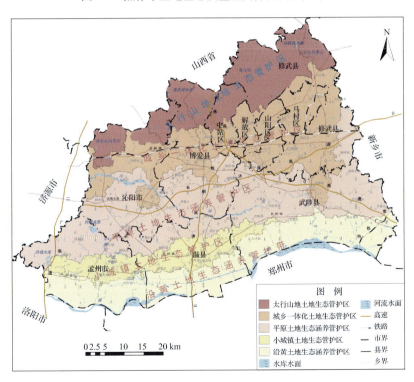

图 6-3 土地生态管护分区图

# 作者简介

张合兵,男,1975年2月生于河南滑县,中共党员,博士,副教授,硕士研究生导师,河南省自然资源学会理事、焦作市测绘地理信息学会常务理事,河南省地理学重点学科学术带头人。现任河南理工大学测绘与国土信息工程学院副院长,主要从事国土资源利用、整治及土地信息系统等方面的教学科研工作。近年来,共主持和参与承担国家自然科学基金项目、国家"十一五""十二五"科技支撑计划课题、科技部公益性行业(国土资源)科研专项、教育部人文社科项目、河南省软科学计划研究项目、河南省基础与前沿技术研究计划项目、河南省哲学社会科学规划项目等18项,在《农业工程学报》《中国土地科学》《煤炭学报》《中国有色金属学报》《测绘科学》等学术期刊上发表论文30余篇,SCI/EI 6篇,出版学术专著和规划教材4部,获河南省科技进步奖二等奖、国土资源科学技术奖二等奖、中国煤炭工业科学技术奖二等奖、河南省社会科学优秀成果奖三等奖等省部级奖6项,承担土地生态调查、土地利用总体规划及其数据库、土地复垦方案等企事业单位委托横向课题11项。